国际化专业试点班指导用书

DIANLU JICHU YU CHANPIN ZHIZUO

电路基础与产品制作

王涤平　著

西北工业大学出版社

【内容简介】　本书是一部依据企业岗位需求、以培养学员职业素质和职业能力为目标、借鉴德国职业技术教育经验而编写的面向应用型本科及高等职业技术教育教学的教材。

全书共选取 4 个电类实际操作项目，包括电的发明与电器应用、无线电能传输装置制作、LED 闪光灯电源制作和烟雾报警器制作，详尽演示了电路安装与调试制作的过程。

本书可作为应用型本科院校及高等职业院校相关专业的教材，也可作为本科毕业生就业岗前培训以及职业鉴定机构中、高级电工培训、鉴定教材。

图书在版编目(CIP)数据

电路基础与产品制作/王滦平著.—西安：西北工业大学出版社，2016.8
ISBN 978 - 7 - 5612 - 4948 - 2

Ⅰ.①电…　Ⅱ.①王…　Ⅲ.①电路理论－教材 Ⅳ.①TM13

中国版本图书馆 CIP 数据核字(2016)第 182987 号

出版发行：西北工业大学出版社
通信地址：西安市友谊西路 127 号　　邮编：710072
电　　话：(029)88493844　88491757
网　　址：www.nwpup.com
印　刷　者：兴平市博闻印务有限公司
开　　本：787 mm×1 092 mm　　1/16
印　　张：6.5
字　　数：151 千字
版　　次：2016 年 8 月第 1 版　　2016 年 8 月第 1 次印刷
定　　价：30.00 元

前　言

　　本书是一部依据企业岗位需求、以培养学员职业素质和职业能力为目标、借鉴德国职业技术教育经验而建构的面向应用型本科及高等职业技术教育教学的教材,较为深层次地传承了德国职业技术教育的风格。

　　本书形式上采用独立项目驱动,针对方法点、知识点、技能点对学员进行行为引导,试图引导学员在面对项目时像笔者那样去思考、去解决问题、去提高项目质量、去降低项目成本。

　　内容上采取"实、理、训"一体,先实后理、训的次序,但凡制作一个项目,都是将项目所需的元件、工具、设施准备齐,经过简单的熟悉、测量后再进行原理讲解,最后进行制作、调试和总结。免除了学员死记硬背的方法,一切在感知的基础上理解、操作。

　　本书方法上类似"归纳法",即先发散后集中的制作思路,完全符合产品研发的客观规律。比如制作烟雾报警器,制作之前没有给学员立规矩:"必须掌握三极管的放大原理和继电器的控制原理",而是循循善诱地引导学员由浅入深地操作,项目结束时,各个学员之间要组成小组深入交流、总结。总结是项目的"高潮",也是学习过程的"高潮"。在一次 U17 足球世界杯的闭幕式上,国际足联前主席阿维兰热说过这样一段话:"我想向年轻的朋友们提一个问题,为什么在你们的比赛中大多数进球发生在上半场,而在成人世界杯上进球多发生在下半场或加时赛?我以为,这是因为你们一上来就全力进攻而成年人一上来更多的注意力会集中于试探对方所造成的。"没有总结就没有本次的成功,通过总结,学员可以从其他学员那里获取自己做项目时未曾感知到的经验或教训。

　　本书指导思想上尊重企业导向地位、以技能大赛为平台构建创新型职业教育课程模式。尊重企业导向地位就是市场需要什么就学做什么,长期保持课程高热度不减;以技能大赛为平台就是让技能大赛内容进课堂,与时俱进、攀登前沿,让学员的方法、知识、技能与就业岗位需求无缝对接。

　　全书共选取 4 个电类实际操作项目,详尽演示电路安装与调试制作的过程。

　　项目一为电的发明与电器应用,主要是由教师和学员一起重温电发展史上的一些经典实验,如摩擦起电、法拉第电磁感应定律、变压器传输实验等。

　　项目二为无线电能传输装置制作,是一个完整项目,选自 2014 年天津大学生电子设计大赛本科组赛题。制作这样一个项目的过程,分为 5 个学习情境、14 个学习任务,涉及钳子、镊子、多孔线路板、面包板、电阻、电容、电感、互感、二极管、整流桥、稳压块等工具和电子元器件。该项目的制作以教师演示、学员模仿为主。

　　项目三为 LED 闪光灯电源制作,是一个完整项目,选自 2015 年全国大学生电子设计大赛高职组赛题。这个项目要求学员在教师的指导下半独立完成。项目的制作过程分为 3 个学习情境、9 个学习任务,涉及 555 定时芯片、JK 触发器、XL6003 芯片等器件,工具沿用项目二的工具。

　　项目四为烟雾报警器制作,是一个完整项目,也是一道考试题,选自 1996 年天津中德培训中心夏季联考试题,考试合格者颁发 IHK(德国手工业协会)资格认证证书。这个项目要求学员独立完成。项目涉及继电器、三极管、整流桥、稳压块、741 集成运放等器件,工具沿用项目二的工具。

通过对内容的介绍可以看出本书的特色:以做为第一要务,所做的一切必须置身于和实际岗位相同或相近的情境中,"做"过之后一定要有符合客观实际的总结。总结之后发现需要重复再做同一项目的,必须重复再做,考试必须在实验台上进行。本书覆盖了技工至本科之间的技能训练需求。

由于水平所限,书中不足之处在所难免,敬请广大读者批评指正。

著 者

2016 年 5 月于天津海河教育园区

目　　录

全书导航

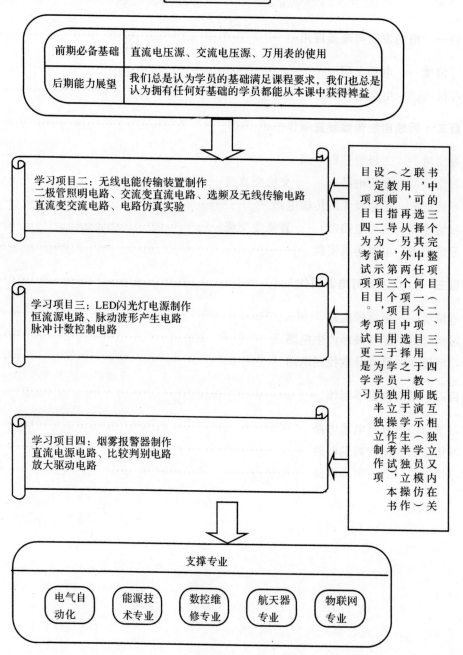

前期必备基础	直流电压源、交流电压源、万用表的使用
后期能力展望	我们总是认为学员的基础满足课程要求，我们也总是认为拥有任何好基础的学员都能从本课中获得裨益

学习项目二：无线电能传输装置制作
二极管照明电路、交流变直流电路、选频及无线传输电路
直流变交流电路、电路仿真实验

学习项目三：LED闪光灯电源制作
恒流源电路、脉动波形产生电路
脉冲计数控制电路

学习项目四：烟雾报警器制作
直流电源电路、比较判别电路
放大驱动电路

书中的三个完整项目（二、三、四）既互相独立又内在关联，用之可选择其中任何一个项目中选择之一用于教师演示（学员模仿），再从另外两个项目中选择之一用于学员独立制作。第三个项目用于学员半独立制作，本书设定项目二为演示项目，项目四为考试项目。考试项目三为学习项目，考试更是学员半独立制作项

支撑专业

| 电气自动化 | 能源技术专业 | 数控维修专业 | 航天器专业 | 物联网专业 |

学习项目一　电的发明与电器应用

学习情境一　电　的　发　明

实验一　摩擦起电

实验器材:玻璃棒、橡胶棒、丝绸、毛皮、纸屑。

"电"这个名词是由希腊语"琥珀"转来的。人类最早发现的电现象是摩擦起电现象。公元前 600 年左右,有个叫泰勒斯的希腊人,经过仔细的观察和思索,他注意到挂在颈项上的琥珀首饰在人走动时不断晃动,频繁地摩擦身上的丝绸衣服,从而得到启发。经过多次实验,泰勒斯发现用丝绸摩擦过的琥珀确实具有吸引灰尘、绒毛、麦秆等轻小物体的能力。于是,他把这种不可理解的力量叫作"电"。

1752 年美国富兰克林(Franklin,1706—1790 年)用风筝实验证明雷和摩擦起电性质相同,因而发明了避雷针。

1752 年 6 月的一天,阴云密布,电闪雷鸣,一场暴风雨就要来临了。富兰克林和他的儿子威廉一起,带着上面装有一个金属杆的风筝来到一个空旷地带。富兰克林高举起风筝,他的儿子则拉着风筝线飞跑。由于风大,风筝很快就被放上高空。刹那间,雷电交加,大雨倾盆。富兰克林和他的儿子一起拉着风筝线,父子俩焦急地期待着,此时,刚好一道闪电从风筝上掠过,富兰克林用手靠近风筝上的铁丝,立即掠过一种恐怖的麻木感。他抑制不住内心的激动,大声呼喊:"威廉,我被电击了!成功了!成功了!我捉住'天电'了!"随后,他又将风筝线上的电引入莱顿瓶中。回到家里以后,富兰克林用雷电进行了各种电学实验,证明了天上的雷电与人工摩擦产生的电具有完全相同的性质。

1785 年法国库仑(Columb,1736—1806 年)发现带电体相互间的静电平方反比定律及磁极间之磁力,即库仑定律。

1799 年意大利伏特(Volta,1745—1827 年)发明电堆及电池。

1820 年法国安培(Andre Marrie Ampere,1775—1836 年)发现电流与所生磁场强度定律,并提出右手螺旋定则。

1821 年法国法拉第(Farady,1791—1867 年)完成了第一台电动机的发明。

在这两年之前,丹麦奥斯特(1777—1851 年)已发现如果电路中有电流通过,它附近的普通罗盘的磁针就会发生偏移。法拉第从中得到启发,认为假如磁铁固定,线圈就可能会运动。根据这种设想,他成功地发明了一种简单的装置。在装置内,只要有电流通过线路,线路就会绕着一块磁铁不停地转动。事实上法拉第发明的是第一台电动机,是第一台使用电流将物体运动的装置。虽然装置简陋,但它却是今天世界上使用的所有电动机的祖先。

1823 年法国安培发表有关电流相互作用的数学理论。

1827 年德国欧姆(Geory Simon Ohm，1787—1854 年)发现欧姆定律。

1831 年英国法拉第(Farady，1791—1867 年)发现电磁感应现象(见图 1.1)。

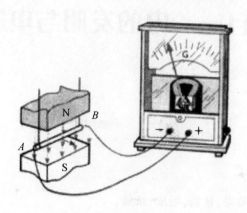

图 1.1　电磁感应现象

实验二　电磁感应实验

实验器材:马蹄形磁铁、检流计、金属导体、导线。

电磁感应(electromagnetic induction)是指放在变化磁通量中的导体会产生电动势。此电动势称为感应电动势或感生电动势,若将此导体闭合成一回路,则该电动势会驱使电子流动,形成感应电流(感生电流)。由此他发明了世界上第一台能产生连续电流的发电机。

1840 年英国焦耳(Joule，1818—1889 年)发现焦耳热定律。

至此,电的历史开始从电的发明转向电器应用的辉煌时代。

电的发明使得人类工业社会进入到了一个崭新的时代,促进了冶金技术、化工技术的发明,促进了以重工业为基础的工业的发展,如钢铁工业、冶金工业、化学工业等等。

学习情境二　电器应用

经过艰苦努力,人类终于控制了"电"这一自然能源,接下来,先驱大师们便开始了电器应用的竞赛。

1876 年美国贝尔(1847—1922 年)发明了电话。

1879 年美国爱迪生(1847—1931 年)发明了世界上第一只实用的白炽灯泡。

自爱迪生发明了电灯后,为了给电灯供电,各地的发电厂才迅速发展起来。

1882 年美国在纽约曼哈顿地区投运的珍珠街发电厂被称为世界最早的发电厂,它拥有 6 台 120 kW 的蒸汽机发电机组。

实验三　电力传输实验

实验器材:交流电源、变压器、白炽灯、导线。

1885 年 5 月 1 日,匈牙利布拉佩斯国家博览会开幕,一台 150 V,70 Hz 单相交流发电机发出的电流,经过 75 台岗茨工厂 5 kV·A 变压器(闭路铁芯,并联,壳式,见图 1.2)降压,点燃了博览会场的 1 067 只爱迪生灯泡,其光耀夺目的壮观场面轰动了世界。因此,后来人们把 1885 年 5 月 1 日作为现代实用变压器的诞生日而加以纪念。

图 1.2　Z-D-B 变压器(1885 年)

1886 年 3 月 20 日,美国第一条交流输电线建成投入运行,这标志着美国电气时代的真正开始。

1946 年,美国宾夕法尼亚大学毛琪利与爱克特发明了世界上第一台计算机(见图 1.3),计算机的名字叫作 ENIAC。这种使用真空管的计算机称为第一代计算机。

图 1.3　世界上第一台计算机

这部机器使用了 18 800 个真空管,长 50 ft(1 ft＝0.304 8 m),宽 30 ft,占地 1 500 ft²,重达 30 t。

实验四　晶体管放大电路

实验器材：直流电源、晶体管、电阻若干、导线、小灯泡。

1947 年,著名的贝尔实验室成功地研制了第一只晶体管(见图 1.4)。1958 年 9 月,第一个集成电路研制成功。

20 世纪 70 年代后期,超大规模集成电路(见图 1.5)研制成功,主要用于制造存储器和微处理机。由此,人类开始迈入信息时代。

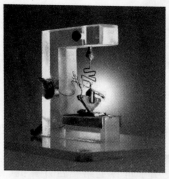 

图 1.4　世界上第一只晶体管　　　　图 1.5　超大规模集成电路

学习项目二 无线电能传输装置制作

本项目(见表 2.1A 及表 2.1B)选自 2014 年天津市大学生电子设计竞赛本科组试题。

表 2.1A 项目导航

现代学徒制：做！先做后知，知而再做	做中教	四步教学法：1.准备；2.演示；3.指导；4.学生独立做
		1.测试发光二极管的工作电流,测试结束后,将该电路装配在线路板上;
		2.在面包板上安装点阵二极管照明电路,做完实验后,将元件取下焊接并装配在线路板上;
		3.在面包板上搭好半波整流电路,接通电源用示波器观察负载电压;
		4.在面包板上搭好全波整流电路,接通电源用示波器观察负载电压;
		5.在线路板上焊接安装好桥式整流电路,接通电源用万用表测量负载电压;
		6.在面包板上搭好半波整流电路,接入滤波电容,接通电源用万用表测量负载电压;
		7.在安装好桥式整流电路的线路板上焊接接入滤波电容,接通电源用万用表测量负载电压值;
		8.在面包板上搭建稳压管稳压电路,输入直流电压并稍有波动,有示波器观测输出;
		9.将 7812 集成稳压器焊接安装在线路板上,与整流、滤波、二极管照明电路组成完整系统并调试
	做中学	五段式:1.和教师一起准备;2.模仿教师动作;3.教师指导下操作;4.总结交流(吸取他人经验教训、完善自己);5.独立操作
		1.测试发光二极管的工作电流,测试结束后,将该电路装配在线路板上;
		2.在面包板上安装点阵二极管照明电路,做完实验后,将元件取下焊接并装配在线路板上;
		3.在面包板上搭好半波整流电路,接通电源用示波器观察负载电压;
		4.在面包板上搭好全波整流电路,接通电源用示波器观察负载电压;
		5.在线路板上焊接安装好桥式整流电路,接通电源用万用表测量负载电压;
		6.在面包板上搭好半波整流电路,接入滤波电容,接通电源用万用表测量负载电压;
		7.在安装好桥式整流电路的线路板上焊接接入滤波电容,接通电源用万用表测量负载电压值;
		8.在面包板上搭建稳压管稳压电路,输入直流电压并稍有波动,有示波器观测输出;
		9.将 7812 集成稳压器焊接安装在线路板上,与整流、滤波、二极管照明电路组成完整系统并调试;
		10.写出实训报告,总结方法、知识、技能点的收获

表 2.1B 项目元器件清单

序号	物资名称	规格型号	生产厂家	单位	数量	预计金额
1	漆包线	0.8 mm²		米	10	
2	稳压块	7805		个	1	
3	发光二极管	扁平式/1 W		个	2	
4	电容	470 μF/35 V		个	1	
5	电容	0.33 μF/25 V		个	1	
6	电容	47 μF/50 V		个	1	
7	电阻	150 Ω/0.25 W		个	1	
8	电阻	1 MΩ		个	1	
9	电阻	2 MΩ		个	1	
10	电阻	1 kΩ		个	1	
11	晶振	2 MHz		枚	1	
12	二极管	1N4007		个	8	
13	场效应管	IRF540N		个	1	
14	六反相器	CD4069		片	1	
15	CD4069 插座	双列直插式、14 管脚		片	1	
16	线路板	37×55 孔		块	1	
17	焊锡丝	1 mm²		米	50	

一、目标

设计并制作一个磁耦合谐振式无线电能传输装置,其结构框图如图 2.1 所示。

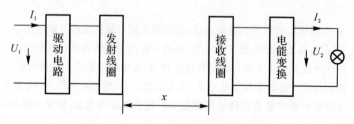

图 2.1 电能无线传输装置结构框图

二、要求

(1)保持发射线圈与接收线圈间距离 $x = 10$ cm、输入直流电压 $U_1 = 15$ V 时,接收端输出直流电流 $I_2 = 0.5$ A,输出直流电压 $U_2 \geqslant 8$ V,尽可能提高该无线电能传输装置的效率 η。

(2)输入直流电压 $U_1 = 15$ V,输入直流电流不大于 1 A,接收端负载为 3 只并联 LED 灯

（白色、1 W）。在保持 LED 灯不灭的条件下，尽可能延长发射线圈与接收线圈间距离 x。

三、说明

（1）发射与接收线圈为空心线圈，线圈外径均（20±2）cm；发射与接收线圈间介质为空气。

（2）I_2 应为连续电流。

（3）测试时，使用 15 V 直流电源或 12 V 交流电源。

（4）在要求（1）效率测试时，负载采用可变电阻器；效率 $\eta = \dfrac{U_2 I_2}{U_1 I_1} \times 100\%$。

（5）制作时须考虑测试需要，合理设置测试点，以方便测量相关电压、电流。

学习情境一　二极管照明电路

本学习情境包含三项学习任务，主要要求是按实训任务规定完成电路的制作。

学习任务一　单二极管照明电路

1. 发光二极管

二极管照明电路是指利用发光二极管作为光源的电路。发光二极管大致可分为半导体发光二极管（LED）及有机发光二极管（OLED）两种。目前用在照明上的主要是半导体发光二极管。

单颗发光二极管的光度比传统灯泡低很多，所以一个二极管照明灯泡通常会包含多颗发光二极管。由于二极管是使用直流电（DC）驱动，因而 LED 灯泡内通常设有电路，以将日常使用用的交流电（AC）转为直流电供电给灯泡内的 LED。此外，高温会损坏 LED，故 LED 灯泡一般会配以散热片等散热配件。已有厂商推出照明用的高功率 LED 芯片，只需 100 W 的电力，就能发出 7 527 lm 的光度。

（1）认识发光二极管。LED（见图 2.2 和图 2.3）是一个低电压的半导体产品，过高的电压会导致损坏，需要额外电路来控制电压和电流供应。这个电路包括一连串的二极管和电阻，以控制电压的极性和限制电流。

图 2.2　发光二极管

图 2.3　发光二极管符号

确定 LED 负极的方法：较短的一只管脚为负极。

LED 是单向导通的二极管。如果接反了，它就不能工作了。

（2）发光二极管工作电路。千万不要将 LED 直接接在电源上，这样不仅不会比一个正常工作的 LED 看上去亮,反而会烧坏 LED。

要想使一只 LED 正常工作必须给它串联一个适当阻值的电阻和它一起接到电源上,这只电阻的作用是给二极管提供正常的电流,这只电阻称为限流电阻,如图 2.4 所示。

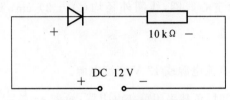

$$10 \text{ k}\Omega$$

DC 12 V

图 2.4　二极管限流电路

2.电阻元件

(1)电阻概念及符号。电荷在物体里运动会形成电流,电流流动时会受到一定的阻力,这种阻力叫电阻。电阻器是人类有意识设计制造出的一个限流元件,将电阻器接在电路中,它可限制流过它及所连支路的电流大小。电阻器简称为电阻(见图 2.5、图 2.6)。

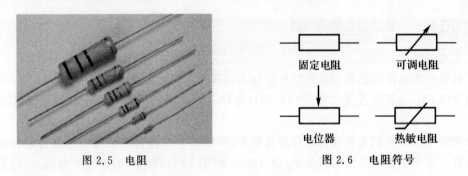

图 2.5　电阻　　　　　　　　　　　图 2.6　电阻符号

电阻的计量单位是欧姆,欧姆的符号是一个大写的希腊字母 Ω。

$$1 \text{ M}\Omega = 10^3 \text{ k}\Omega = 10^6 \ \Omega$$

(2)电阻标识。电阻器上标注的色标(色环)表明了电阻的阻值和精度特性(见图 2.7)。

前三条色环表示电阻阻值的有效数字。

倒数第二环,表示倍乘 10 的幂次。色环电阻最后一位,表示误差(精度)。这个规律有一个巧记的口诀:棕一红二橙是三,四黄五绿六为蓝,七紫八灰九对白,黑是零,金五银十表误差。

例如,红、黄、棕、金表示 240 Ω。

色环电阻分四环和五环,通常用四环。

倒数第二环,可以是金色(代表×0.1)和银色的(代表×0.01),最后一环误差可以是无色(20%)的。

五环电阻为精密电阻,前三环为数值,最后一环还是误差色环,通常也是金、银和棕三种颜色,金的误差为 5%,银的误差为 10%,棕的误差为 1%,无色的误差为 20%,另外偶尔还有以绿色代表误差的,绿色的误差为 0.5%。精密电阻通常用于军事、航天等方面。

色环实际上是早期为了帮助人们分辨不同阻值而设定的标准。现在应用还是很广泛的,如家用电器、电子仪表、电子设备中常常可以见到。但色环电阻由于比较大,不适合现代高度集成的性能要求。

有一电阻器,色环颜色顺序为棕、黑、橙、银,则该电阻器标称阻值为:10×103 ,±10％,即 10 kΩ±10％。

数值的读取方法

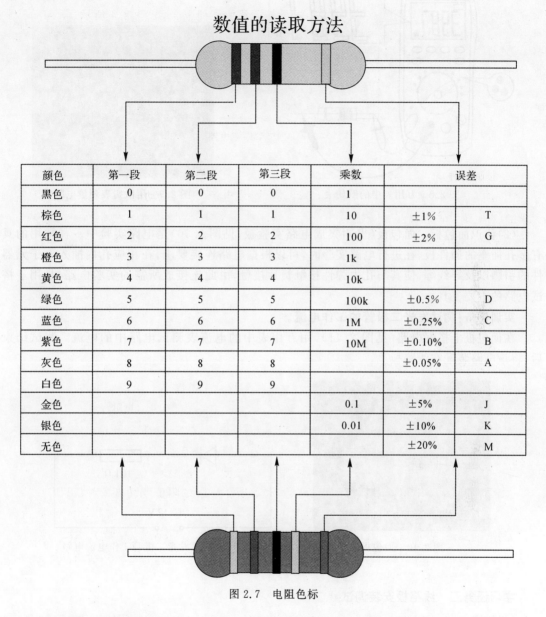

颜色	第一段	第二段	第三段	乘数	误差	
黑色	0	0	0	1		
棕色	1	1	1	10	±1%	T
红色	2	2	2	100	±2%	G
橙色	3	3	3	1k		
黄色	4	4	4	10k		
绿色	5	5	5	100k	±0.5%	D
蓝色	6	6	6	1M	±0.25%	C
紫色	7	7	7	10M	±0.10%	B
灰色	8	8	8		±0.05%	A
白色	9	9	9			
金色				0.1	±5%	J
银色				0.01	±10%	K
无色					±20%	M

图 2.7　电阻色标

3.万用表和面包板

(1)万用表使用。万用表中的欧姆表使用:用欧姆表测量电阻阻值(见图 2.8 和图 2.9)。

1) 将功能/量程选择开关旋到欧姆挡,如图 2.8 所示。

2)将红、黑表笔分别插入 VΩHz 和 COM 输入端。

3)将表笔线的测试端并联到被测电阻上,被测电阻值将同时显示在显示屏上。

4)在手动模式下,如果显示屏显示"OL",则表示被测电阻值已经超过当前量程的最大测量值,请选择更高的量程来完成此次测量。

5)从显示屏上读取当前测量结果。

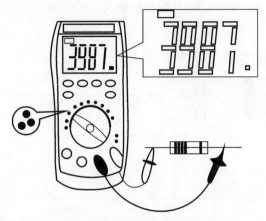

图 2.8　万用表中的欧姆表

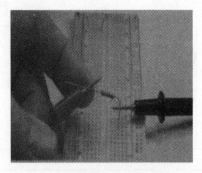

图 2.9　用欧姆表测量电阻

（2）认识面包板。面包板（也叫集成电路实验板，见图 2.10）是电路实验中一种常用的具有多孔插座的插件板，在进行电路实验时，可以根据电路连接要求，在相应孔内插入电子元器件的引脚以及导线等，使其与孔内弹性接触簧片接触，由此连接成所需的实验电路，是用于搭试电路的重要工具。

实训任务：测试发光二极管的工作电流。

在面包板上搭好电路（见图 2.11），用万用表中的电流表测试电路中的电流。测试结束后，将该电路装配在线路板上。

图 2.10　面包板

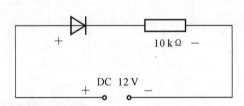

图 2.11　测试发光二极管工作电流电路

学习任务二　线路板安装调试

1. 电烙铁使用

电路板焊接工序很多人会认为不重要，随意拿起电烙铁将熔锡放在须接合的地方便完工，这样会造成有假焊锡及接触不良的现象；若担心锡接合得不牢固，电烙铁较长时间接触焊点，会造成被焊的零件长期受热损坏或铜电路与基板脱离，或铜电路断裂，造成断路。

锡是低温易熔及易老化的焊料，温度低时，锡呈现胶状不黏，令线路板的铜箔与零件脚造成假焊。温度适中时，在焊嘴的锡呈半圆粒状，有反光面，是黏着力最佳的时候，迅速将零件脚与底板电路焊接。温度过高时，锡呈圆粒状，锡点表面的色泽呈哑色，有皱纹，表示锡已老化，会造成假焊点出现。因此，从铬铁嘴的锡粒形状可知何时焊接是最好的时候，制作的成功率是怎样的(见图 2.12)。

图 2.12　锡粒形状与电烙铁温度

焊接步骤:预热→加入焊锡→移去焊锡→移去电烙铁→剪除接脚(见图 2.13)。

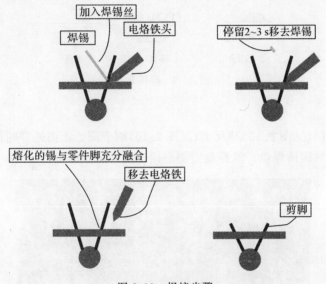

图 2.13　焊接步骤

下面介绍一下详细过程。

(1)先刮后焊。要焊的元件引线上有油渍或锈蚀不易吃锡,即使把焊锡免强地"糊"上一点结果却是假焊。焊前要刮干净,再把引脚蘸入松香,用含锡电烙铁头在引脚上来回摩擦,直到引脚上涂上薄焊锡层。现在大多数电子元件的可焊性是很好的,因此手工焊接不需淌锡处理(前提必须使用带助焊剂的焊锡丝),对于元件保管不当,致使元件引脚氧化或有污物,则需淌锡处理。

(2)掌握温度技巧。温度不够焊锡流动性差,易凝固温度过高则易滴淌,焊点挂不住焊锡。①要想温度合适应根据物体的大小用功率相应的烙铁。②要掌握加热时间。烙铁头带着焊锡压焊接处,被焊接物便被加热,焊锡从烙铁头自动流散到被焊物上时说明加热时间已到。此时迅速移开烙铁头,便留下一个光亮的圆滑焊锡点,移开烙铁头焊点留不住焊锡,则说明加热时间短,温度不够,或焊点太脏,烙铁头移开前焊锡就往下流加热时间长温度过高。

(3)上焊锡适量。根据焊点大小蘸取的焊锡量足够包住被焊物,形成光亮圆滑的焊点。一次上焊锡不够可再补上,但须待前次焊锡被一同熔化之后移开烙铁头。有的人焊接时像燕子垒窝一样往上堆焊锡,结果焊了不少焊锡就是不牢。

(4)扶稳不晃。焊物须扶稳夹牢,特别焊锡凝固阶段不可晃动,凝固阶段晃动容易产生假焊,焊点像豆腐渣一样。为了平稳手腕枕在一支撑物上,坐或立要端正。

(5)少用焊膏。它是一种酸性助剂,焊后应擦净焊膏否则严重腐蚀线路,使焊点脱开。因此,宜少量、尽量不用焊锡膏。在使用不含松香的焊锡条时,松香是较好的焊料。烙铁沾焊锡后在松香上点一下然后迅速焊接,或用95%的酒精与松香配成焊剂焊接时点上一滴即可。溶液还可以刷在清干净的焊点和印刷线路板上使板光亮如初。

有些人在市场买的劣质焊锡丝,焊锡的外观色泽发乌不亮,需要较高温度才能焊接成功,这样的焊锡最易假焊。

当铬铁嘴黏附有残余过热的锡粒时,将铬铁嘴在焊锡台的海绵上擦掉,或用小刀刮去锡粒。

良好　　　　不良　　　　不良

图2.14　焊接效果

2. 线路板

线路板分为正面(见图2.15)和反面(见图2.16)两个面。正面通常叫作元件面,反面叫作焊接面。焊接面有敷铜圆焊盘。线路板左侧有两排端子插座焊盘。

图2.15　线路板正面

图2.16　线路板反面

线路板反面的圆形焊盘上涂有助焊剂。

3.布线图

布线图:元件及导线在线路板上的位置及方向安装图纸。

画布线图的总体要求是:

(1)电源线安置在线路板的最上方,用左侧端子的内侧最上方焊盘引入外输送线。

(2)地线安置在线路板的最下方,用左侧端子的外侧最下方焊盘引入外输送线电源线和地线均安置在线路板反面,并用带包装皮的导线横向排列。

(3)所有元件均安置在线路板正面纵向排列,所有正面导线也纵向排列且剥去导线的塑料包皮。

(4)焊接面(反面)的导线均横向排列且不剥去导线的塑料包皮。

(5)不允许有飞线(即斜线),实际中需要斜向连接的导线必须由纵、横2根导线分别在线路板的正、反两面组合共同构成,纵线和横线的连接点是线路板反面的邻的2个焊盘,这样的邻的2个焊盘允许也只能用焊锡连接。

(6)留出测试点位置。

实训任务:焊接练习。

将图2.17所示的布线图焊接在线路板上。

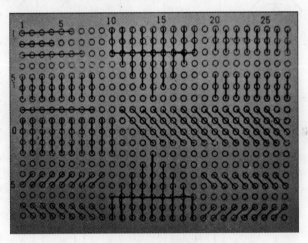

图2.17　布线图

图2.17中的细实线是剥去包装皮的金属导线,放在线路板正面,斜线仅供练习,正式焊接的线路板不允许有斜线。

学习任务三　点阵二极管照明电路

单颗发光二极管的光度不足以帮助人们完成阅读书籍等日常用途,因此,实际中应用更多的是点阵二极管照明电路(见图2.18)。

图2.19所示是LED台灯的原理图。

(1)点阵二极管照明电路的原理与单管照明电路相同,只有一个电阻限制电流。

(2)二极管点阵采用了串联方式,一颗LED开路故障时,整个电路就变成断路,整串不能发光;短路故障时,其他LED的电流、电压均会增加。

图 2.18　点阵二极管组成的台灯

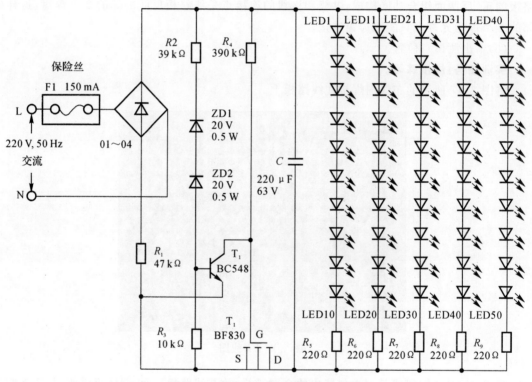

图 2.19　点阵二极管照明电路的原理

　　(3)并联特点(见图 2.20):数颗 LED 并联起来,每颗 LED 都需要一个电阻限制电流。每一颗 LED 均是独立驱动。开路故障时,其他 LED 能正常发光;短路故障时,整个电路变成短路,不会发光。

　　(4)混联特点(见图 2.21):混合了串联和并联的方法,由一个串联电路,包含了数个并联的部分。短路故障时,即使有一颗 LED 发生故障,其他 LED 依然会维持发光;开路故障时,除了故障的并联部分外会维持发光。

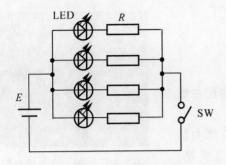

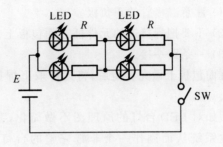

图 2.20　点阵二极管并联　　　　　　　　图 2.21　点阵二极管混联

实训任务:点阵二极管照明电路安装。

将上述 LED 台灯原理图做简化处理,得到图 2.22 所示电路。

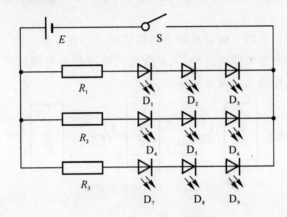

图 2.22　简化的 LED 台灯原理

需要的器材见表 2.2。

表 2.2　LED 台灯器材

器　材	型　号	数　量
电阻	五环电阻	3
发光二极管	红色,额定电压为 1.5 V	12
电池	6F22 9 V	1
开关	单刀单掷开关	1
导线	BV(BLV)	1

具体步骤:

(1) 准备器材(见图 2.23)。

(2) 将元件根据电路图中的连接方式接到面包板上。

(3) 将电源的正极引到面包板上。

(4) 接上负极。

15

注意事项：

（1）注意二极管的正负极。

（2）不要把焊接过的元件插在面包板上。

（3）一条路一接。

在面包板上做完实验后，将元件取下焊接并装配在线路板上。

假如对 LED 台灯的原理图不做简化，我们有能力制作供电系统从而制作一个非常完整的台灯吗？答案是：能！供电系统的制作就是我们的下一个学习情境：变流电路（1）——交流变直流。

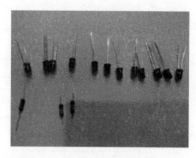

图 2.23　发光二极管及电阻

学习情境二　变流电路（1）——交流变直流

本学习情境的任务就是给二极管照明电路提供稳定的直流电压源。除了在某些特定场合下采用太阳能电池或化学电池作电源外，大多数直流电源是由电网的交流电转换来的。这种直流电源的组成以及各处的电压波形如图 2.24 所示。

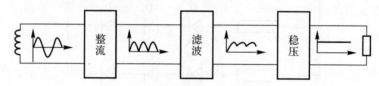

图 2.24　直流电源的组成

图中各组成部分的功能如下：

（1）电源变压器：将电网交流电压（220 V 或 380 V）变换成符合需要的交流电压，因为大多数电路使用的电压都不高，所以这个变压器是降压变压器。

（2）整流电路：利用具有单向导电性能的整流元件，把方向和大小都变化的 50 Hz 交流电变换为方向不变但大小仍有脉动的直流电。

（3）滤波电路：利用储能元件电容器 C 两端的电压不能突变的性质，把电容 C 与整流电路的负载 R_1 并联，就可以将整流电路输出中的交流成分加以滤除，从而得到比较平滑的直流电。

（4）稳压电路：稳压电路的作用是使整流滤波后的直流电压基本上不随交流电网电压和负载的变化而变化。

学习任务一　整流电路

利用具有单向导电性的二极管组成整流电路，可将交流电压变为单向脉动电压。简单起见，一般把整流二极管当作理想元件，即认为它的正向导通电阻为零，而反向电阻为无穷大。但在实际应用中，应考虑到二极管正向导通时有内阻，整流后所得波形，其输出幅度会减少 0.6～1 V；同时只考虑单相交流电的整流而不包括三相。

1. 半波整流

二极管半波整流电路（见图 2.25）实际上利用了二极管的单向导电特性。

当输入电压处于交流电压的正半周时,二极管导通,输出电压 $v_o = v_i - v_D$。当输入电压处于交流电压的负半周时,二极管截止,输出电压 $v_o = 0$。半波整流电路输入和输出电压的波形如图 2.25 所示。

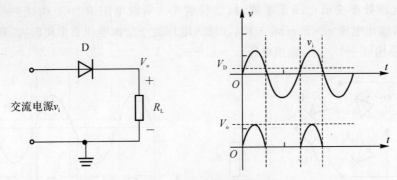

图 2.25　二极管半波整流电路

半波整流电路的基本特点:

(1)半波整流输出的是一个直流脉动电压,平均有效值 $V_{orsm} = 0.45 U_{rsm}$,rsm 是均方根值的意思。

(2)半波整流电路的交流利用率为 50%,它将正弦交流电的负半周切掉了。

实训任务:在面包板上搭好半波整流电路,接通电源用示波器观察负载电压。

2. 全波整流

二极管全波整流电路如图 2.26 所示。当输入电压处于交流电压的正半周时,二极管 D_1 导通,输出电压 $v_o = v_i - v_{D1}$。当输入电压处于交流电压的负半周时,二极管 D_2 导通,输出电压 $v_o = v_i - v_{D2}$。

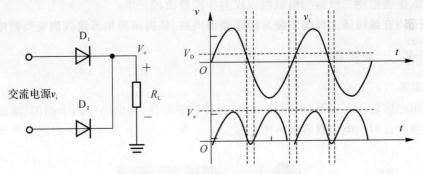

图 2.26　二极管全波整流电路

观察波形可知,二极管全波整流电路输出的仍然是一个方向不变的脉动电压,但脉动频率是半波整流的一倍。

通过计算,可以得到全波整流输出电压有效值

$$V_{orsm} = 0.9 U_{rsm}$$

全波整流电路的基本特点如下:

(1)全波整流输出的是一个直流脉动电压。

(2)全波整流电路的交流利用率为 100%。

实训任务:在面包板上搭好全波整流电路,接通电源用示波器观察负载电压。

3. 桥式整流

桥式整流电路如图 2.27 所示,就是用二极管组成一个桥式电路。

当输入电压处于交流电压正半周时,二极管 D_1、负载电阻 R_L、D_3 构成一个回路(见图 2.27 中虚线),输出电压 $v_o = v_i - v_{D1} - V_{D3}$。输入电压处于交流电压负半周时,二极管 D_2、负载电阻 R_L 和 D_4 构成一个回路,输出电压 $v_o = v_i - v_{D2} - V_{D4}$。

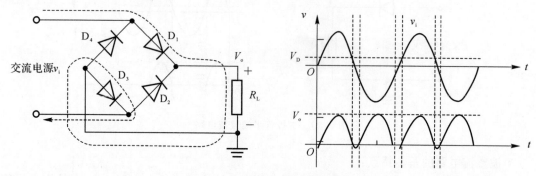

图 2.27 二极管桥式整流电路

二极管桥式整流电路是全波整流电路。它输出的也是一个方向不变的脉动电压,桥式整流输出电压有效值

$$V_{orsm} = 0.9U_{rsm}$$

桥式整流电路的基本特点:

(1)桥式整流输出的是一个直流脉动电压。

(2)桥式整流电路的交流利用率为 100%。

(3)桥式整流电路二极管的负载电流仅为半波整流的一半。

实训任务:在线路板上焊接安装好桥式整流电路,接通电源用万用表测量负载电压。

学习任务二　滤波电路

1. 电容器

(1)认识电容器。电容器(见图 2.28)是一种储能元件,在电路中用于调谐、滤波、耦合、旁路、能量转换和延时。电容器通常叫作电容。

图 2.28 电容器

1)按其结构可分为固定电容器、半可变电容器、可变电容器三种。

2)常用的电容器按其介质材料可分为电解电容器、云母电容器、瓷介电容器、玻璃电容等。

(2)电容的标识方法。

1) 直标法:用字母和数字把型号、规格直接标在外壳上。

2) 文字符号法:用数字、文字符号有规律的组合来表示容量。文字符号表示其电容量的单位:P,N,u,m,F 等,和电阻的表示方法相同。标称允许偏差也和电阻的表示方法相同。小于 10 pF 的电容,其允许偏差用字母代替:B——± 0.1 pF,C——± 0.2 pF,D——± 0.5 pF,F——± 1 pF。电容器标识如图 2.29 所示。

图 2.29　电容器标识

3) 色标法:和电阻的表示方法相同,单位一般为 pF。小型电解电容器的耐压也有用色标法的,位置靠近正极引出线的根部,所表示的意义见表 2.3。

表 2.3　电容色标法

颜色	黑	棕	红	橙	黄	绿	蓝	紫	灰
耐压	4 V	6.3 V	10 V	16 V	25 V	32 V	32 V	40 V	63 V

2. 电容充放电

对于使用直流电源的电动机等功率型的电气设备,半波整流输出的脉动电压就足够了。但对于电子电路,这种电压则不能直接作为半导体器件的电源,还必须经过平滑(滤波)处理。平滑处理电路实际上就是在半波整流的输出端接一个电容,在交流电压正半周时,交流电源在通过二极管向负载提供电源的同时对电容充电,在交流电压负半周时,电容通过负载电阻放电(见图 2.30)。

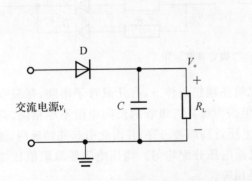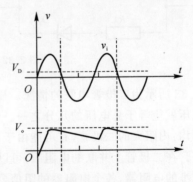

图 2.30　带有滤波电容输出的二极管半波整流电路及输出波形

接入滤波电容后,使半波整流输出的效率提高了近 1 倍,平均有效值 $V_o \approx 0.9 U_i$。

技能点(综合装调): 在面包板上搭好半波整流电路,接入滤波电容,接通电源用万用表测量负载电压桥式整流(见图 2.31)是实际中主要的应用电路,桥式整流接入滤波电容使输出电压进一步提高,$V_o = 1.2 U_i$。

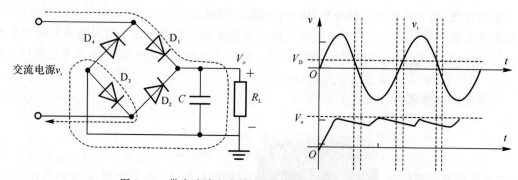

图 2.31　带有滤波电容输出的桥式整流电路及输出波形

（1）电容输出桥式整流电路，二极管承担的最大反向电压为 2 倍的交流峰值电压。

（2）桥式整流电路中二极管和电容的选择必须满足负载对电流的要求。一般有 $CR_L \geqslant (3 \sim 5)T/2$；$T$ 是输入端交流电的周期。

需要特别指出的是，二极管作为整流元件，要根据不同的整流方式和负载大小加以选择。在高电压或大电流的情况下，如果手头没有承受高电压或额定大电流的整流元件，可以把二极管串联或并联起来使用。

图 2.32 所示为二极管并联的情况。2 只二极管并联，每只分担电路总电流的 1/2，3 只二极管并联，每只分担电路总电流的 1/3。总之，有几只二极管并联，流经每只二极管的电流就等于总电流的几分之一。但是，在实际并联运用时，由于各二极管特性不完全一致，不能均分所通过的电流，会使有的管子因负担过重而烧毁。因此须在每只二极管上串联一只阻值相同的小电阻器，使各并联二极管流过的电流接近一致。这种均流电阻 R 一般选用零点几欧至几十欧的电阻器。电流越大，R 应选得越小。

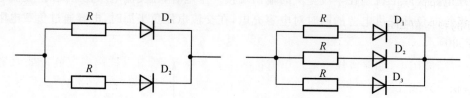

图 2.32　二极管并联运用

图 2.33 所示为二极管串联的情况。显然在理想条件下，有几只管子串联，每只管子承受的反向电压就应等于总电压的几分之一。但因为每只二极管的反向电阻不尽相同，会造成电压分配不均：内阻大的二极管，有可能由于电压过高而被击穿，并由此引起连锁反应，逐个把二极管击穿。在二极管上并联的电阻 R，可以使电压分配均匀。均压电阻要取阻值比二极管反向电阻值小的电阻器，各个电阻器的阻值要相等。

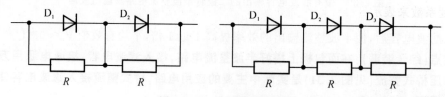

图 2.33　二极管串联运用

实训任务:在安装好桥式整流电路的线路板上焊接接入滤波电容,接通电源用万用表测量负载电压值。

学习任务三　稳压电路

交流电经过整流可以变成直流电,但是它的电压是不稳定的:供电电压的变化或用电电流的变化,都能引起电源电压的波动。要获得稳定不变的直流电源,还必须再增加稳压电路。

1.稳压管二极管

一般二极管都是正向导通,反向截止;加在二极管上的反向电压如果超过二极管的承受能力,二极管就要击穿损毁。但是稳压二极管的正向特性与普通二极管相同,而反向特性却比较特殊:当反向电压加到一定程度时,虽然管子呈现击穿状态,通过较大电流,管子两端的电压却变化极小起到稳压作用,管子也不损毁,并且这种现象可重复。

稳压管的型号有 2CW,2DW 等系列,它的电路符号如图 2.34 所示。

稳压管的稳压特性可用如图 2.35 所示伏安特性曲线很清楚地表示出来。

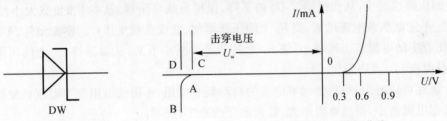

图 2.34　稳压管符号　　　　　图 2.35　稳压管的伏安特性曲线

稳压管是利用反向击穿区的稳压特性进行工作的,因此稳压管在电路中要反向连接。

稳压管的反向击穿电压称为稳定电压,不同类型稳压管的稳定电压也不一样,某一型号的稳压管的稳压值固定在一定范围。例如:2CW11 的稳压值是 3.2~4.5 V,其中某一只管子的稳压值可能是 3.5 V,另一只管子则可能是 4.2 V。

在实际应用中,如果选择不到稳压值符合需要的稳压管,可以选用稳压值较低的稳压管,然后串联一只或几只硅二极管"枕垫",把稳定电压提高到所需数值。这是利用硅二极管的正向压降为 0.6~0.7 V 的特点来进行稳压的。因此,"枕垫"硅二极管在电路中必须正向连接,这是与稳压管不同的。

稳压管稳压性能的好坏,可以用它的动态电阻 r 来表征。稳压管的动态电阻是随工作电流变化的,工作电流越大、动态电阻越小。因此,为使稳压效果好,工作电流要选择合适。工作电流选得大些,可以减小动态电阻,但不能超过管子的最大允许电流。各种型号管子的工作电流和最大允许电流,可以从手册中查到。

稳压管的稳定性能受温度影响,当温度变化时,它的稳定电压也要发生变化,常用稳定电压的温度系数来表示这种性能。例如 2CW19 型稳压管的稳定电压 $U_w = 12$ V,温度系数为 0.095/℃,说明温度每升高 1℃,其稳定电压升高 11.4 mV。为提高电路的稳定性能,往往采用适当的温度补偿措施。在稳定性能要求很高时,需使用具有温度补偿的稳压,如 2DW7A,2DW7W,2DW7C 等。

2.稳压管稳压电路

由硅稳压管组成的简单稳压电路如图 2.36 所示。硅稳压管 DW 与负载 R_{fz} 并联,R_f 为限流电阻。

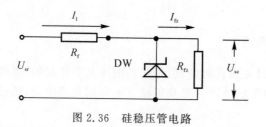

图 2.36　硅稳压管电路

这个电路是怎样进行稳压的呢？

若电网电压升高，整流电路的输出电压 U_{sr} 也随之升高，引起负载电压 U_{sc} 升高。由于稳压管 DW 与负载 R_{fz} 并联，U_{sc} 只要有根少一点增长，就会使流过稳压管的电流急剧增加，使得 I_1 也增大，限流电阻 R_f 上的电压降增大，从而抵消了 U_{sr} 的升高，保持负载电压 U_{sc} 基本不变。反之，若电网电压降低，引起 U_{sr} 下降，造成 U_{sc} 也下降，则稳压管中的电流急剧减小，使得 I_1 减小，R_f 上的压降也减小，从而抵消了 U_{sr} 的下降，保持负载电压 U_{sc} 基本不变。

若 U_{sr} 不变而负载电流增加，则 R_1 上的压降增加，造成负载电压 U_{sc} 下降。U_{sc} 只要下降一点点，稳压管中的电流就迅速减小，使 R_1 上的压降再减小下来，从而保持 R_1 上的压降基本不变，使负载电压 U_{sc} 得以稳定。

综上所述可以看出，稳压管起着电流的自动调节作用，而限流电阻起着电压调整作用。稳压管的动态电阻越小，限流电阻越大，输出电压的稳定性越好。

那么怎样选择稳压管和限流电阻呢？

1）因为稳压管是与负载并联的，所以稳压管的稳定电压应该等于负载直流电压，即 $U_w = U_{sc}$。稳压管最大稳定电流的选择，要考虑到特殊情况下稳压管通过的最大电流：一种情况是，当负载电流 $I_{fz} = 0$ 时，全部最大负载电流 I_{fzmax} 都通过稳压管；另一种情况是，输入电压 U_{sr} 升高，也会引起通过稳压管电流增大。一般选稳压管就选用动态电阻小、电压温度系数小的稳压管，有利于提高电压的稳定度。

2）限流电阻 R_1 要满足：因为 U_{sr} 和 I_{fz} 都是变化的，为了保证 $I_{fz} = 0$ 时 I_w 不起超过稳压管的最大稳定电流，R_1 要足够大，为了保证稳定作用，又必须保证在 U_{sr} 最小时，I_w 大于稳压管的最小稳定电流。

当电网电压最高而负载电流最小时 I_z 最大，其不允许超过允许值，所以 $R > (U_{imax} - V_z)/(I_{zmax} + I_{lmin})$。

当电网电压最低而负载电流最大时 I_z 最小，其不低于 I_z 最小值，所以 $R < (U_{imin} - V_z)/(I_{zmin} + I_{lmax})$。

所以稳压电阻的选择不能同时满足系统要求，只能在需要的范围内选择大容量的稳压管。

实训任务：在面包板上搭建稳压管稳压电路，输入直流电压并稍有波动，有示波器观测输出。

单级稳压管的稳压效果有限，若想进一步提高稳压效果，可采用两级硅稳压管稳压电路级联，可以输出两种稳定电压 U_1 和 U_{sc}，如图 2.37 所示。

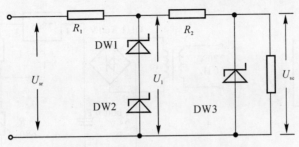

图 2.37　级联硅稳压二极管稳压电路

3. 知识拓展:串联型稳压电路

串联型稳压电路(见图 2.38(a))是比较常用的一种电路。

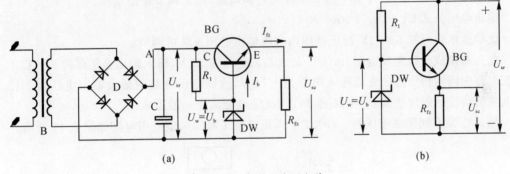

图 2.38　串联型稳压电路

三极管 BG 在电路中是调整元件,每当由于供电或用电发生变化,电路输出电压波动欲起的时候,它都能及时地加以调节,使输出电压保持基本稳定,因此它被称作调整管。因为在电路中作为调整元件的三极管是与负载相串联的,所以这种电路叫串联型稳压电路。

电路稳压过程为:如果输入电压 U_{sr} 增大,使输出电压 U_{sc} 增大时,由于 $U_b = U_w$ 固定不变,调整管 $U_{be} = U_b - U_{sc}$ 将减小,基流 I_b 随之减小,而管压降 U_{ce} 随之增大,从而抵消了 U_{sc} 增大的部分,使 U_{sc} 基本稳定。如果负载电流 I_{sc} 增大,使输出电压 U_{sc} 减小时,由于 U_b 固定,U_{be} 将增大,U_{ce} 减小,也同样地使 U_{sc} 基本稳定。

如果把图 2.38(a)所示稳压电路的形式稍微改变一下,画成图 2.38(b)所示,不难看出,原来串联型稳压电路就是一个射极跟随器。R_1 是上偏置电阻,稳压管 DW 是下偏置电阻,输出电压是从发射极电阻 R_{fz} 上取出的。

4. 稳压芯片

7805 是最常用到的稳压芯片。它使用方便,用很简单的电路即可实现一个直流稳压电源,输出电压恰好为 5 V。它有很多的系列,如 ka7805,ads7805,cw7805 等。下面简单介绍一下它的 3 个引脚(见图 2.39)以及用它来构成的稳压电路。

在图 2.39 中,1 脚接整流器输出的电压,2 脚为公共地(也就是负极),3 脚就是我们需要的 +5V 输出电压。

(1)7805 应用电路。7805 也可用作输出可调稳压电源,下面介绍一个 7805 的这一简单应用电路(见图 2.40)。

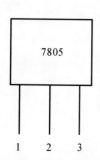

图 2.39　7805 引脚图

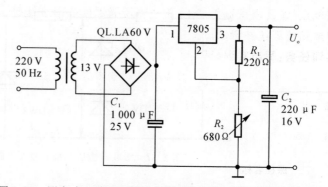

图 2.40　固定式三端稳压输出电压可调电路＜lm7805 稳压电路＞

图 2.40 中，R_1 为 220 Ω，R_2 为 680 Ω 的可调电阻，用来调节输出电压。

输出电压公式 $U_。\approx U_{xx}(1+R_2/R_1)$。

此稳压电路可在 5～12V 稳压范围内实现输出电压连续可调节。

此三端集成稳压集成电路 lm7805 最大输入电压为 35 V，输入输出差须保持 2 V 以上，这样该电路中因为稳压器的直流输入电压是＋14 V，故该稳压电路的最大输出电压为＋12 V。此电路的精度一般可达到 0.04 以上，所以 lm7805 能满足一般需求。

(2)78XX 系列集成稳压器。78XX 系列集成稳压器的典型应用电路如图 2.41 所示。

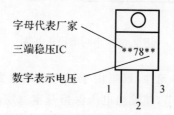

图 2.41　78XX 系列集成稳压器

当输出电压较大时 78XX 应配上散热板。

78XX 系列集成稳压器工作电路如图 2.42 所示。

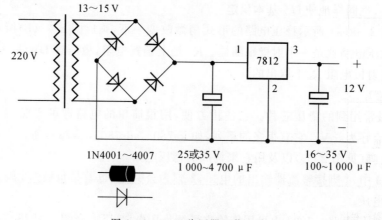

图 2.42　7812 稳压器工作电路

技能点(综合调试):将 **7812** 集成稳压器焊接安装在线路板上,与整流、滤波、二极管照明电路组成完整系统并调试。

实训任务:写出实训报告,总结方法、知识、技能点的收获。

天津中德应用技术大学实验实训报告

系部		班级		姓名		学号	
日期		实训地点		指导教师		成绩	
课程名称							
实验实训项目名称							
实验实训目的							
实验实训内容							
实验实训步骤							
实验实训使用的主要设备或仪器							
实验实训结果	(标明实验实训的过程数据、结果形式和测量结果数据)						
个人收获							
指导教师意见					指导教师签字 年 月 日		

天津中德应用技术大学教务处制

(注:请各教学系部统一存档)

学习情境三　选频及无线传输电路

学习任务一　LC 选频电路

1. 电感器

电感器(inductor)是能够把电能转化为磁场能而存储起来的元件(见图 2.43)。它具有阻止交流电通过而让直流电顺利通过的特性,频率越高,线圈阻抗越大。

(1)电感器基本参数。电感器的主要参数有电感量、允许偏差、品质因数、分布电容及额定电流等。

1)电感量。电感量也称自感系数,是表示电感器产生自感应能力的一个物理量。

电感器电感量的大小,主要取决于线圈的圈数(匝数)、绕制方式、有无磁芯及磁芯的材料等等。通常,线圈圈数越多、绕制的线圈越密集,电感量就越大。电感符号为 L。电感量的基本单位是亨利(简称亨),用字母"H"表示。常用的单位还有毫亨(mH)和微亨(μH),它们之间的关系是:

图 2.43　电感器

$$1 \text{ H} = 1\,000 \text{ mH}, \quad 1 \text{ mH} = 1\,000 \text{ } \mu\text{H}$$

2)品质因数。品质因数也称 Q 值或优值,它是指电感器在某一频率的交流电压下工作时,所呈现的感抗与其等效损耗电阻之比。电感器的 Q 值越高,其损耗越小,效率越高。

(2)电感测量。电感测量的两类仪器:RLC 测量(电阻、电感、电容三种都可以测量)和电感测量仪。

电感的测量:空载测量(理论值)和在实际电路中的测量(实际值)。由于电感使用的实际电路过多,难以类举,只有在空载情况下的测量加以解说。电感量的测量步骤(RLC 测量):

1)熟悉仪器的操作规则(使用说明)及注意事项。

2)开启电源,预备 15～30 min。

3)选中 L 挡,选中测量电感量。

4)把两个夹子互夹并复位清零。

5)把两个夹子分别夹住电感的两端,读数值并记录电感量。

6)重复步骤 4)和步骤 5),记录测量值。要有 5～8 个数据。

(3)好坏判断。

1)电感测量:将万用表打到蜂鸣二极管挡,把表笔放在两引脚上,看万用表的读数。

2)好坏判断:对于贴片电感此时的读数应为零,若万用表读数偏大或为无穷大则表示电感损坏。

对于电感线圈匝数较多,线径较细的线圈读数会达到几十基至几百,通常情况下线圈的直流电阻只有几欧姆。

(4)电感标识标注方法。

1)直标法:在电感线圈的外壳上直接用数字和文字标出电感线圈的电感量,允许误差及最大工作电流等主要参数。

2)色标法:即用色环表示电感量,单位为 mH,第一二位表示有效数字,第三位表示倍乘换算。

3)数码法:数值×10 的 n 次方,如 103 即为 10×10 的三次方 nH,即 10 μH。

2.LC 并联电路

图 2.44 所示为 LC 并联电路。

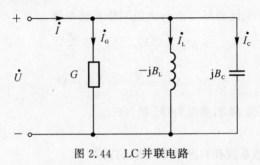

图 2.44　LC 并联电路

根据 KCL 的相量形式并将相量形式的欧姆定律应用到每条支路得

$$\dot{I}=\dot{I}_G+\dot{I}_L+\dot{I}_C=G\dot{U}-jB_L\dot{U}+jB_C\dot{U}=[G-j(B_L-B_C)\dot{U}]=(G-jB)\dot{U}$$

$B=0$ 时发生谐振,据此可计算出谐振频率。

实训任务:自制一电感线圈与 0.33 μF 的电容并联接入电路,观察并联谐振现象。

学习任务二　互感器

互感系数取决于两线圈的自感系数和耦合系数,耦合系数用来说明两线圈间的耦合程度。

1.互感现象

由于一个线圈的电流变化,导致另一个线圈产生感应电动势的现象,称为互感现象(见图 2.45)。在互感现象中产生的感应电动势,叫作互感电动势。

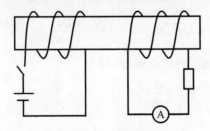

图 2.45　互感现象

2.互感系数

如图 2.46 所示,电流通过时,产生的自感磁通为 Φ_{11},自感磁链为 $\Psi_{11}=N_1\Phi_{11}$。Φ_{11} 的一部分穿过了线圈 Ⅱ,这一部分磁通称为互感磁通 Φ_{21}。同样,当线圈 Ⅱ 通有电流时,它产生的自感磁通 Φ_{22} 有一部分穿过了线圈 Ⅰ,为互感磁通 Φ_{12}。

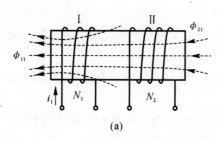 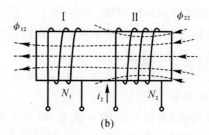

(a)   (b)

图 2.46　互感系数

定义:互感磁链与产生此磁链电流的比值叫作互感系数。

$$M_{21} = \frac{\Psi_{21}}{i_1}, \quad M_{12} = \frac{\Psi_{12}}{i_2}$$

$$M = M_{21} = \frac{\Psi_{21}}{i_1} = \frac{\Psi_{12}}{i_2} = M_{12}$$

在国际单位制中,互感 M 的单位为亨[利](H)。

3. 耦合系数

研究两个线圈的互感系数和自感系数之间的关系。

设 K_1, K_2 为各线圈产生的互感磁通与自感磁通的比值,则有

$$K_1 = \frac{\Phi_{21}}{\Phi_{11}} = \frac{\dfrac{\Psi_{21}}{N_2}}{\dfrac{\Psi_{11}}{N_1}} = \frac{\Psi_{21} N_1}{\Psi_{11} N_2}$$

由于 $\Psi_{21} = Mi_1$,$\Psi_{11} = Li_1$,所以

$$K_1 = \frac{\Psi_{21} N_1}{\Psi_{11} N_2} = \frac{Mi_1 N_1}{L_1 i_1 N_2} = \frac{MN_1}{L_1 N_2}$$

同理得

$$K_2 = \frac{\Phi_{12}}{\Phi_{22}} = \frac{MN_2}{L_2 N_1}$$

K_1 与 K_2 的几何平均值叫作线圈的耦合系数,用 K 表示

$$K = \sqrt{K_1 K_2} = \sqrt{\frac{MN_1}{L_1 N_2} \frac{MN_2}{L_2 N_1}} = \frac{M}{\sqrt{L_1 L_2}}$$

耦合系数用来说明两线圈间的耦合程度,因为

$$K_2 = \frac{\Phi_{12}}{\Phi_{22}} \leqslant 1, \quad K_1 = \frac{\Phi_{21}}{\Phi_{11}} \leqslant 1$$

所以,K 的值在 0 与 1 之间。

当 $K = 0$ 时,说明线圈产生的磁通互不耦合,因此不存在互感;

当 $K = 1$ 时,说明两个线圈耦合得最紧,一个线圈产生的磁通全部与另一个线圈相耦合,其中没有漏磁通,因此产生的互感最大,这种情况又称为全耦合。

互感系数取决于两线圈的自感系数和耦合系数。

$$M = K \sqrt{L_1 L_2}$$

技能点(综合装调):用 0.8 mm 漆包线自制一互感线圈,距离 10 cm、空心耦合,100 Ω 电

阻串联初级线圈;10 kΩ 电阻和 LED 与次级线圈串联成回路,信号源加在初级线圈和电阻两端,观察 LED 的状态。

学习任务三　场效应管功放开关电路

1. 场效应管 IRF540N

场效应晶体管(Field Effect Transistor,FET),简称场效应管,也称为单极型晶体管。它属于电压控制型半导体器件。所有的 FET 都有栅极(gate)、漏极(drain)、源极(source)三个端。场效应管分为结型场效应管(JFET)和绝缘栅场效应管(MOS 管)两大类。

型号:IRF540N(见图 2.47)。

厂家:IR。

类别:MOS 场效应管。

基本参数:晶体管极性:N 沟道 增强型;漏极电流,I_d 最大值:33 A;电压:V_{ds},最大:100 V;电压:V_{gs},最高:4 V;功耗:94 W。

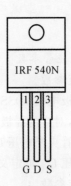

图 2.47　IRF540N 封装及引脚

2. MOS 场效应管结构特性

MOS 场效应管,即金属-氧化物-半导体型场效应管,英文缩写为 MOSFET(Metal - Oxide - Semiconductor Field - Effect - Transistor),属于绝缘栅型。其主要特点是在金属栅极与沟道之间有一层二氧化硅绝缘层,因此具有很高的输入电阻(最高可达 1 015 Ω)。它也分 N 沟道管和 P 沟道管,符号如图 2.48 所示。通常是将衬底(基板)与源极 S 接在一起。

根据导电方式的不同,MOSFET 又分增强型、耗尽型。所谓增强型是指,当 $V_{GS}=0$ 时管子呈截止状态,加上正确的 V_{GS} 后,形成导电沟道。耗尽型则是指,当 $V_{GS}=0$ 时即形成沟道,加上正确的 V_{GS} 时,使管子转向截止。

以 N 沟道为例,它是在 P 型硅衬底上制成两个高掺杂浓度的源扩散区 N＋和漏扩散区 N＋,再分别引出源极 S 和漏极 D。源极与衬底在内部连通,二者总保持等电位。图 2.48(a) 符号中的前头方向是从外向里,表示 P 型材料衬底,工作时形成 N 型沟道。当漏接电源正极,源极接电源负极并使 $V_{GS}=0$ 时,沟道电流(即漏极电流)$I_D=0$。随着 V_{GS} 逐渐升高,受栅极正电压的吸引,在两个扩散区之间就感应出带负电的少数载流子,形成从漏极到源极的 N 型沟道,当 V_{GS} 大于管子的开启电压 V_{TN}(一般约为＋2 V)时,N 沟道管开始导通,形成漏极电流 I_D。

　　MOS 场效应管比较"娇气"。这是由于它的输入电阻很高,而栅-源极间电容又非常小,极易受损,防止积累静电荷。管子不用时,全部引线也应短接。测量时应格外小心,并采取相外界电磁场或静电的感应而带电,而少量电荷就可在极间电容上形成相当高的电压($U=Q/C$),将管子损坏。因此出厂时各管脚都绞合在一起,或装在金属箔内,使 G 极与 S 极呈等电位,防止积累静电荷。管子不用时,全部引线也应短接。在测量时应格外小心,并采取相应的防静电感措施。

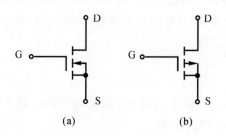

图 2.48　场效应管符号

(a)N 沟道；　(b)P 沟道

3. 场效应管参数

(1)直流参数。

　　饱和漏极电流 IDSS 可定义为:当栅、源极之间的电压等于零,而漏、源极之间的电压大于夹断电压时,对应的漏极电流。

　　场效应管夹断电压 U_P 可定义为:当 U_{DS} 一定时,使 I_D 减小到 0 时所需的 U_{GS}。

　　开启电压 U_T 可定义为:当 U_{DS} 一定时,使 I_D 开始出现时所需的 U_{GS} 值。

(2)交流参数。

　　低频跨导 g_m:它是描述栅、源电压对漏极电流的控制作用。

　　极间电容:场效应管三个电极之间的电容,它的值越小表示管子的性能越好。

4. MOS 场效应管的检测方法

　　(1)准备工作。测量之前,先把人体对地短路后,才能摸触 MOSFET 的管脚。最好在手腕上接一条导线与大地连通,使人体与大地保持等电位。再把管脚分开,然后拆掉导线。

　　(2)判定电极。将万用表拨于 $R \times 100$ 挡,首先确定栅极。若某脚与其他脚的电阻都是无穷大,证明此脚就是栅极 G。交换表笔重测量,S-D 之间的电阻值应为几百欧至几千欧,其中阻值较小的那一次,黑表笔接的为 D 极,红表笔接的是 S 极。日本生产的 3SK 系列产品,S 极与管壳接通,据此很容易确定 S 极。

　　(3)检查放大能力(跨导)。将 G 极悬空,黑表笔接 D 极,红表笔接 S 极,然后用手指触摸 G 极,表针应有较大的偏转。双栅 MOS 场效应管有两个栅极 G_1,G_2。为区分之,可用手分别触摸 G_1,G_2 极,其中表针向左侧偏转幅度较大的为 G_2 极。

　　目前有的 MOSFET 管在 G-S 极间增加了保护二极管,平时就不需要把各管脚短路了。

5.各类型场效应管符号

　　各类型场效应管符号见表 2.4。IRF540N 属于 MOS 场效应管 N 沟道增强型。

表 2.4　各类型场效应管符号

	N沟结构	P沟结构
结场效应晶体管	N沟结构 漏极　D G 栅极 S 源极	P沟结构 漏极　D G 栅极 S 源极
MOS 场效应晶体管	N沟耗尽型 G　D 衬底　S N沟增强型 G　D 衬底　S	P沟耗尽型 G　D 衬底　S P沟增强型 G　D 衬底　S

6.场效应管应用

(1)场效应管可应用于放大。

(2)场效应管很高的输入阻抗非常适合作阻抗变换,常用于多级放大器的输入级作阻抗变换。

(3)场效应管可以用作电子开关。

实训任务:手腕接地、戴好干燥手套检测 **IRF540N** 的三个极。

实训任务:将 **0.33 μF** 电容、自制的互感线圈 **L_1**、**IRF540N** 装接成图 **2.49** 所示功放选频电路并调试,回路谐振频率与前级方波振荡的基频相近。写出实训报告,回顾总结学习过程和电路装配调试过程。

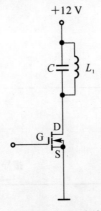

图 2.49　IRF540N 功放电路

天津中德应用技术大学实验实训报告

系部		班级		姓名		学号	
日期		实训地点		指导教师		成绩	
课程名称							
实验实训项目名称							

实验实训目的	
实验实训内容	
实验实训步骤	
实验实训使用的主要设备或仪器	
实验实训结果	（标明实验实训的过程数据、结果形式和测量结果数据）
个人收获	
指导教师意见	

指导教师签字　　　　　年　　月　　日

天津中德应用技术大学教务处制

（注：请各教学系部统一存档）

学习情境四　变流电路(2)——直流变交流

学习任务一　CMOS非门电路

1.CD4069

CD4069由六个CMOS反相器电路组成。此器件主要用作通用反相器,即用于不需要中功率TTL驱动和逻辑电平转换的电路中。

(1)CD4069管脚排列和内部结构(见图2.50)。

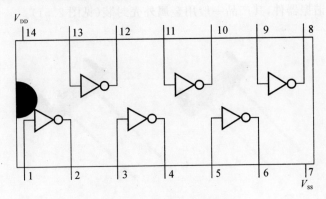

图2.50　CD4069管脚排列

(2)CD4069的功能。

V_{DD}=电源(0~18 V DC);

V_{SS}=接地(0 V);

H=高(5~15 V);

L=低(0~0.8 V)。

CD4069的功能:在输入端"1"接入高电平,在输出端"2"端得到低电平。在输入端"1"接入低电平,在输出端"2"端得到高电平。其余以此类推,1,3,5,9,11,13分别为输入端,2,4,6,8,10,12分别为输出端。表2.5为CD4069的真值表。

表2.5　CD4069的真值表

输入	输出
0	1
1	0

(3)CD4069主要参数。

直流供电电压:-0.5~18 V　DC;

输入电压:-0.5~V_{DD}+0.5 V　DC;

普通双列封装功耗:700 mW;

工作温度范围：－40～＋80℃；

焊接温度(10 s)：260℃。

学习任务二　晶振

石英晶体振荡器是高精度和高稳定度的振荡器,被广泛应用于彩电、计算机、遥控器等各类振荡电路中,以及通信系统中用于频率发生器、为数据处理设备产生时钟信号和为特定系统提供基准信号。

1.石英晶体振荡器的结构

石英晶体振荡器简称为石英晶体或晶体、晶振,是利用石英晶体(二氧化硅的结晶体)的压电效应制成的一种谐振器件,其产品一般用金属外壳封装(见图2.51)。

图 2.51　晶振

2.压电效应

若在石英晶体的两个电极上加一电场,晶片就会产生机械变形。反之,若在晶片的两侧施加机械压力,则在晶片相应的方向上将产生电场,这种物理现象称为压电效应。如果在晶片的两极上加交变电压,晶片就会产生机械振动,同时晶片的机械振动又会产生交变电场。在一般情况下,晶片机械振动的振幅和交变电场的振幅非常微小,但当外加交变电压的频率为某一特定值时,振幅明显加大,比其他频率下的振幅大得多,这种现象称为压电谐振,它与 LC 回路的谐振现象十分相似。它的谐振频率与晶片的切割方式、几何形状、尺寸等有关。

3.符号和等效电路

石英晶体谐振器的符号和等效电路如图2.52所示。

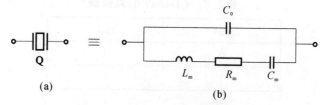

图 2.52　晶振的符号和等效电路

(a)电路符号；　(b)等效电路

当晶体不振动时,可把它看成一个平板电容器,称为静电电容 C_0,一般约几个皮法到几十皮法。当晶体振荡时,机械振动的惯性可用电感 L_m 来等效。一般 L_m 的值为几十毫亨到几百毫亨。晶片的弹性可用电容 C_m 来等效，C_m 的值很小，一般只有 $0.000\,2\sim0.1\ \text{pF}$。晶片振动时因摩擦而造成的损耗用 R_m 来等效，它的数值约为 $100\ \Omega$。由于晶片的等效电感很大，而 C_m 很小，R_m 也小，因此回路的品质因数 Q 很大，可达 $1\,000\sim10\,000$。

4. 谐振频率

从石英晶体谐振器的等效电路可知，它有两个谐振频率，即①当 L,C,R 支路发生串联谐振时，它的等效阻抗最小(等于 R)。串联揩振频率用 f_s 表示，石英晶体对于串联揩振频率 f_s 呈纯阻性。②当频率高于 f_s 时 L,C,R 支路呈感性，可与电容 C_0 发生并联谐振，其并联频率用 f_d 表示。

根据石英晶体的等效电路，可定性画出它的电抗-频率特性曲线如图 2.53 所示。

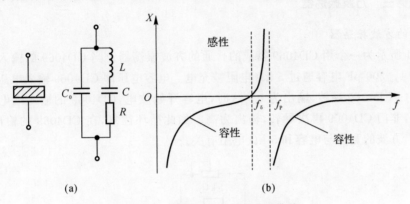

图 2.53　晶振的电抗-频率特性曲线

可见当频率低于串联谐振频率 f_s 或者频率高于并联揩振频率 f_d 时，石英晶体呈容性。仅在 $f_s<f<f_d$ 极窄的范围内，石英晶体呈感性。

5. 石英晶体振荡器的主要参数

晶振的主要参数有标称频率、负载电容、频率精度、频率稳定度等。

(1)标称频率。不同的晶振标称频率不同，标称频率大都标明在晶振外壳上。如常用普通晶振标称频率有 $48\ \text{kHz}$，$500\ \text{kHz}$，$503.5\ \text{kHz}$，$1\sim40.50\ \text{MHz}$ 等。

(2)负载电容。负载电容是指晶振的两条引线连接 IC 块内部及外部所有有效电容之和，可看作晶振片在电路中串接电容。负载频率不同决定振荡器的振荡频率不同。一般的晶振的负载电容是 $15\ \text{pF}$ 或 $12.5\ \text{pF}$。考虑到 IC 块内部的电容是与外接电容并联的关系，所以，外接电容取两个 $22\ \text{pF}$ 是较好选择。标称频率相同的晶振，负载电容不一定相同。

(3)频率准确度。在标称电源电压、标称负载阻抗、基准温度(25℃)以及其他条件保持不变，晶体振荡器的频率相对与其规定标称值的最大允许偏差，即 $(f_{max}-f_{min})/f_0$。

(4)频率稳定度。其他条件保持不变，在规定温度范围内晶体振荡器输出频率的最大变化量相对于温度范围内输出频率极值之和的允许频偏值，即 $(f_{max}-f_{min})/(f_{max}+f_{min})$。

6. 晶振的分类

晶体振荡器分为无源晶振(crystal 晶体振荡器)和有源晶振(oscillator 晶体谐振器)两种类型。石英晶体振荡器是利用石英晶体的压电效应借助于时钟电路才能产生振荡信号，自身无法振荡起来，而石英晶体谐振器是利用石英晶体和内置 IC 共同作用来工作的。振荡器直接应用于电路中，谐振器工作时一般需要提供 3.3V 电压来维持工作。振荡器比谐振器多了一个重要技术参数——谐振电阻（RR），谐振器没有电阻要求。

7.晶振的检测

（1）用万用表（R×10k 挡）测晶振两端的电阻值，若为无穷大，说明晶振无短路或漏电；再将试电笔插入市电插孔内，用手指捏住晶振的任一引脚，将另一引脚碰触试电笔顶端的金属部分，若试电笔氖泡发红，说明晶振是好的；若氖泡不亮，则说明晶振损坏。

（2）用数字电容表（或数字万用表的电容档）测量其电容，一般损坏的晶振容量明显减小（不同的晶振其正常容量具有一定的范围，可通过测量好的晶振得到，一般在几十到几百皮法）。

学习任务三　方波振荡器

1.普通的方波振荡器

图 2.54 所示为一个用 CD4069 搭成的普通的方波振荡器。当 CD4069 的输入端为 0 时，其输出端为 1。200 pF 电容通过 5 kΩ 电阻被充电。电容电压即 CD4069 输入电压上升，达到高电平时非门 CD4069 翻转，输出为 0。这时，电容开始放电，CD4069 的输入端电压下降，达到低电平时，非门 CD4069 再次翻转，输出为高。如此循环往复，在 CD4069 的输出端便可得到一个方波，方波的宽度与电容和 5 kΩ 电阻有关。

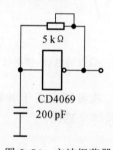

图 2.54　方波振荡器

2.带有晶振的方波振荡器

图 2.55 所示为一个用 CD4069 搭成的带有晶振的方波振荡器。晶振与 C_1 和 C_2 组成谐振回路，谐振时晶振等效于一个大电感。C_2 两端的电压是谐振回路端电压的一部分，也是 G_2 的输入电压。这个电压是正弦变化的电压，频率与谐振回路的谐振频率相等，幅值要大于谐振回路的总电压。这个电压经过 G_2 整形变成方波输出 V_o。

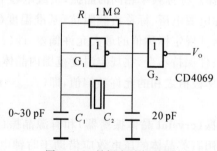

图 2.55　晶振方波振荡器

实训任务：装配、调试方波振荡器。

最终形成图 2.56 所示的整体设计方案。

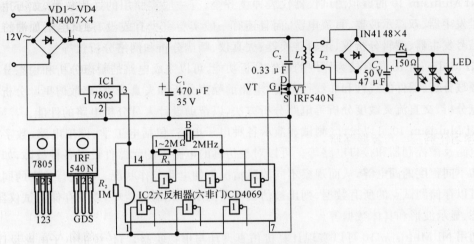

图 2.56　无线电能传输系统电路

在方案形成的同时，实验性电路板产品也随之完成（见图 2.57）。

图 2.57　无线电能传输装置产品

学习情境五　电路仿真实验

学习任务一　二极管单管照明电路仿真

1. Multisim 简介

Multisim 的前身为 EWB（Electronics Work Bench）软件。它以界面形象直观、操作方便、分析功能强大、易学易用等突出优点，早在 20 世纪 90 年代初就在我国得到迅速推广，并作为电子类专业课程教学和实验的一种辅助手段。Multisim 功能十分强大，能胜任电路分析、模拟电路、数字电路、高频电路、RF 电路、电力电子及自动控制原理等方面的虚拟仿真，并提供多达 18 种基本分析方法。

NI Multisim 10 的元器件库提供数千种电路元器件供实验选用，同时也可以新建或扩充已有的元器件库,而且建库所需的元器件参数可以从生产厂商的产品使用手册中查到,因此也很方便地在工程设计中使用。

NI Multisim 10 的虚拟测试仪器仪表种类齐全,有一般实验用的通用仪器,如万用表、函数信号发生器、双踪示波器、直流电源;而且还有一般实验室少有或没有的仪器,如波特图仪、数字信号发生器、逻辑分析仪、逻辑转换器、失真仪、频谱分析和网络分析仪等。

NI Multisim 10 具有较为详细的电路分析功能,可以完成电路的瞬态分析和稳态分析、时域和频域分析、器件的线性和非线性分析、电路的噪声分析和失真分析、离散傅里叶分析、电路零极点分析、交直流灵敏度分析等电路分析方法,以帮助设计人员分析电路的性能。

NI Multisim 10 可以设计、测试和演示各种电子电路,包括电工学、模拟电路、数字电路、射频电路及微控制器和接口电路等。可以对被仿真的电路中的元器件设置各种故障,如开路、短路和不同程度的漏电等,从而观察不同故障情况下的电路工作状况。在进行仿真的同时,软件还可以存储测试点的所有数据,列出被仿真电路的所有元器件清单,以及存储测试仪器的工作状态、显示波形和具体数据等。

利用 NI Multisim 10 可以实现计算机仿真设计与虚拟实验,与传统的电子电路设计与实验方法相比,具有如下特点:设计与实验可以同步进行,可以边设计边实验,修改调试方便;设计和实验用的元器件及测试仪器仪表齐全,可以完成各种类型的电路设计与实验;可方便地对电路参数进行测试和分析;可直接打印输出实验数据、测试参数、曲线和电路原理图;实验中不消耗实际的元器件,实验所需元器件的种类和数量不受限制,实验成本低,实验速度快,效率高;设计和实验成功的电路可以直接在产品中使用。

Multisim 11.0 的基本操作界面:

打开 Multisim 11.0 后,其基本界面如图 2.58 所示。Multisim 11.0 的基本界面主要包括菜单栏、标准工具栏、视图工具栏、主工具栏、仿真开关、元件工具栏、仪器工具栏、设计工具栏、电子工作区、电子表格视窗和状态栏等。

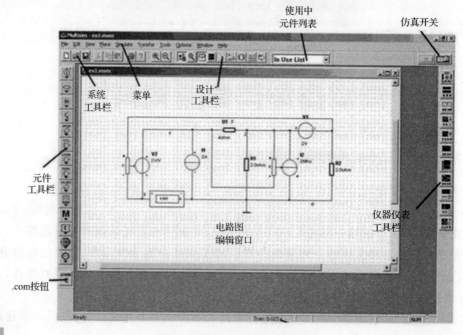

图 2.58 Multisim 窗口界面

Multisim 窗口界面主要包括以下几个部分。

菜单栏从左到右分别是文件、编辑、视图、放置、仿真、传输、工具、选项、窗口、帮助。

系统工具栏包括新建、打开、保存、剪切、复制等。

设计工具栏包括新建、打开、保存、剪切、复制等。

元器件库工具栏包括电源、基本元件、二极管、晶体管、模拟元件、元器件、总线等。

仪表工具栏：从左到右分别是数字万用表、函数发生器、示波器、波特图仪、字信号发生器、逻辑分析仪、瓦特表、逻辑转换仪、失真分析仪、网络分析仪、频谱分析仪。

2. 二极管单管照明电路设计与仿真

（1）如图 2.59 所示，在元器件库工具栏中点击电源库中的 POWER_SOURCES，选择 VCC，点击 OK 按钮将图标拖至程序窗口中。

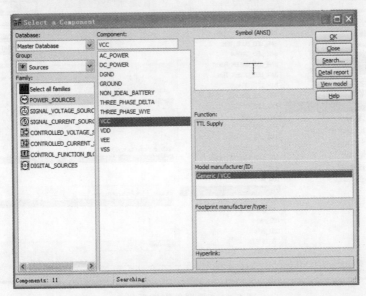

图 2.59 元器件库工具栏 1

（2）如图 2.60 所示，在元器件库工具栏中点击基本器件库中的 SWITCH，选择 SPST，点击 OK 按钮将其拖至程序窗口中。

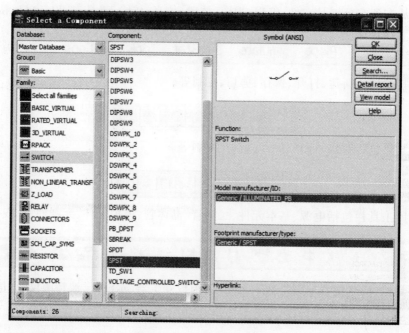

图 2.60 元器件库工具栏 2

(3)如图 2.61 所示,在元器件库工具栏中点击二极管库中的 LED,选择 LED_green,点击 OK 按钮将其拖至程序窗口中。

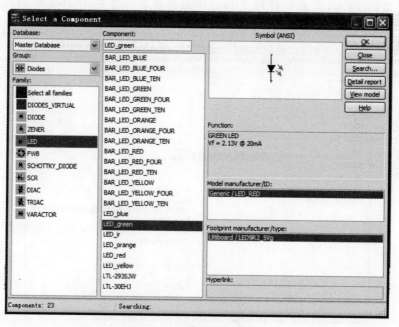

图 2.61 元器件库工具栏 3

(4)如图 2.62 所示,在元器件库工具栏中点击基本器件库中的 POTENTIOMETER,选择 1k,点击 OK 按钮将其拖至程序窗口中。

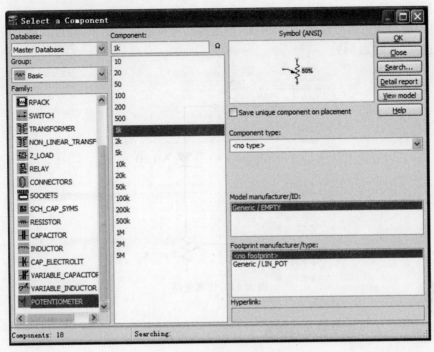

图 2.62　元器件库工具栏 4

(5)如图 2.63 所示,在元器件库工具栏中点击电源库中的 POWER_SOURCES,选择 GROUND,点击 OK 按钮将图标拖至程序窗口中。

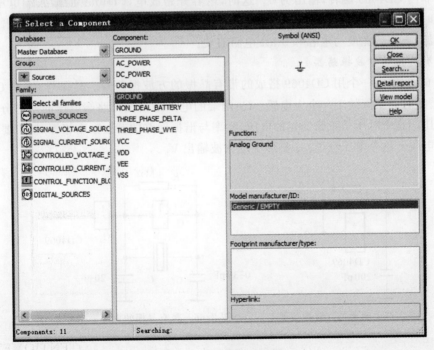

图 2.63　元器件库工具栏 5

(6)将元器件库工具栏1～5中的元器件位置进行合理布局,并按图2.64所示将各元器件用导线连接。

(7)点击运行按钮运行程序,闭合开关,慢慢滑动电位器的滑动条,即可观察二极管从不亮到发光的过程(见图2.64)。

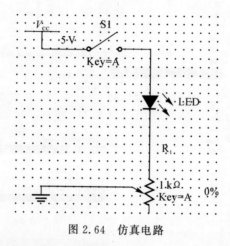

图 2.64　仿真电路

学习任务二　方波振荡器电路仿真

1. 普通的方波振荡器

图 2.65 所示为一个用 CD4069 搭成的普通的方波振荡器。当 CD4069 的输入端为 0 时,其输出端为 1。200 pF 电容通过 5 kΩ 电阻被充电。电容电压即 CD4069 输入电压上升,达到高电平时非门 CD4069 翻转,输出为 0。这时,电容开始放电,CD4069 的输入端电压下降,达到低电平时,非门 CD4069 再次翻转,输出为高。如此循环往复,在 CD4069 的输出端便可得到一个方波,方波的宽度与电容和 5 kΩ 电阻有关。

2. 带有晶振的方波振荡器

图 2.66 所示为一个用 CD4069 搭成的带有晶振的方波振荡器。晶振与 C_1 和 C_2 组成谐振回路,谐振时晶振等效于一个大电感。C_2 两端的电压是谐振回路端电压的一部分,也是 G_2 的输入电压。这个电压是正弦变化的电压,频率与谐振回路的谐振频率相等,幅值要大于谐振回路的总电压。这个电压经过 G_2 整形变成方波输出 V_o。

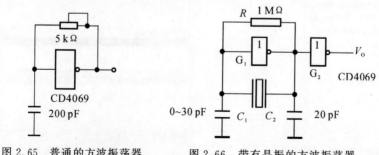

图 2.65　普通的方波振荡器　　　图 2.66　带有晶振的方波振荡器

3. 方波振荡器电路的设计与仿真

参照学习任务一中的方法和步骤在 Multisim 中设计方波振荡器电路,其电路设计图如图 2.67 所示。

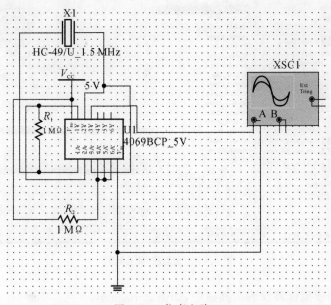

图 2.67　仿真电路 3

其中,4069BCP_5V 在 COMS 库中的 COMS_5V_IC 中,如图 2.68 所示。

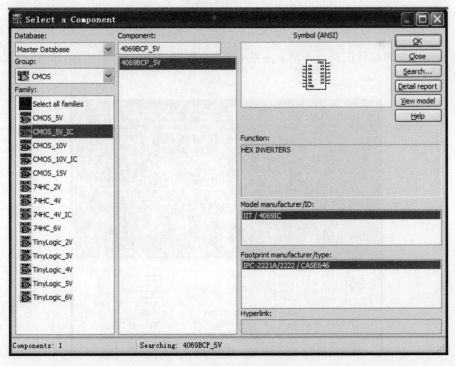

图 2.68　元器件库工具栏 6

晶振在 Misc 库中的 CRYSTAL 中,如图 2.69 所示。

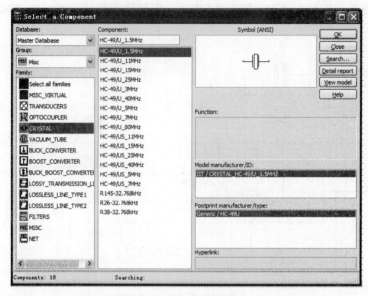

图 2.69　元器件库工具栏 7

示波器在右侧虚拟仪器仪表工具栏中,如图 2.70 所示。

图 2.70　仪表工具栏示波器按钮

最后,按照电路设计图进行布局和连线,并运行程序,双击示波器图标,即可观察仿真结果(见图 2.71)。

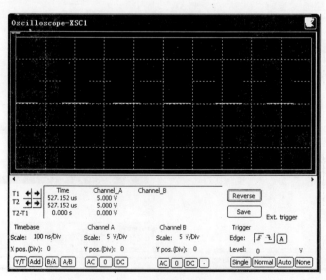

图 2.71　仪表工具栏用示波器测量

实训任务:总结无线电能传输系统级联调试体会,回顾仿真系统操作步骤,写出实训报告。

天津中德应用技术大学实验实训报告

系部		班级		姓名		学号	
日期		实训地点		指导教师		成绩	

课程名称	
实验实训项目名称	

实验实训目的	
实验实训内容	
实验实训步骤	
实验实训使用的主要设备或仪器	
实验实训结果	(标明实验实训的过程数据、结果形式和测量结果数据)
个人收获	
指导教师意见	指导教师签字　　　　　　年　　月　　日

天津中德应用技术大学教务处制

(注:请各教学系部统一存档)

学习项目三 LED 闪光灯电源制作

本项目(见表3.1)选自2015年全国大学生电子设计竞赛高职高专组试题。

表 3.1　项目导航

现代师徒制：做！先做后知，知而再做	做中教	四步教学法：1.准备；2.演示；3.指导；4.学生独立做
		1.检查学生准备情况，审核学员的元件列表；
		2.分析说明恒流源电路原理；
		3.指导学生制作、调试方波振荡电路；
		4.与学生一起做：在线路板上装配并调试3脉冲串的计数控制电路；
		5.指导学生调试复合电路，恪守各分级电路功能、指标
	做中学	五段式：1.和老师一起准备；2.模仿老师动作；3.教师指导下操作；4.总结交流(吸取他人经验教训、完善自己)；5.独立操作
		1.准备工具和仪器仪表，自己列表原件清单；
		2.在线路板上制作恒流源电路；
		3.在线路板上制作占空比1/3、周期分别为10 ms，30 ms，100 ms方波振荡器并写出调试报告；
		4.在线路板上装配并调试3脉冲串的计数控制电路；
		5.将恒流源电路、脉动波形产生电路、脉冲计数控制电路级联统调并写出实训报告

一、目标

设计并制作一个恒流的(DC-DC)LED闪光灯电源装置,其结构框图如图3.1所示。

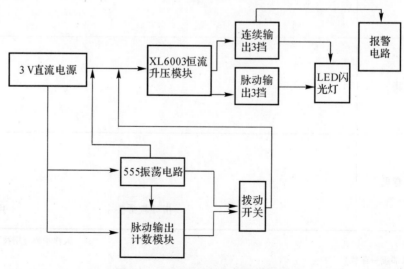

图 3.1　LED 闪光灯电源结构框图

二、要求

(1)连续输出模式输出电流可设定为 100 mA,150 mA,200 mA 三挡,最高输出电压不低于 10 V,最低输出电压为 0 V(输出短路)。

(2)等效直流负载电阻过大时,输出电压限幅值不高于 10.5 V 并报警。

(3)输出电流 200 mA,输出电压 10 V 时。

(4)输出电流峰值可设定为 300 mA,450 mA,600 mA 三挡。

(5)脉冲周期可设定为 10 ms,30 ms,100 ms 三挡。

输出脉冲个数可设定为 3 个,每按一次启动键输出一次脉冲串。

三、说明

(1)测试时,使用 5 V 直流电源。

(2)具备脉动输出模式,输出占空比为 1/3。

(3)自制一个 LED 闪光灯,用于演示。

元器件清单见表 3.2。

表 3.2　元器件清单

器件名称	数量及型号
二极管	5 个 1N4148
发光二极管	4 个
电容	4(1 μF 2 个,100 μF 2 个)
电感	1(22 μH/2 A)
电阻	5 (68 kΩ 1 个, 50kΩ 1 个, 3kΩ 1 个, 1kΩ 2 个)
芯片	555 定时芯片、XL6003 芯片、74ls00、74ls08、JK 触发器芯片(74ls112)各 1 片

元器件清单不完整的地方,要学会补充完善,这也是一种能力。

学习情境一　恒流源电路

恒流输出模块由核心电路及其外围电路组成,XL6003 芯片实现输入电压-恒流的转换,恒流源具有过压、过流、过热保护功能,安全稳定性高。

学习任务一　XL6003 芯片

1. 芯片 XL6003 外形

XL6003 是升压 DC-DC 恒流驱动 IC,可以支持多路恒流输出,每路都具有恒流,PWM 调光,软启动功能,可以提高 LED 灯的稳定性和使用寿命。组合灵活,一路 LED 故障,不影响其他 LED 的工作。XL6003 最高可以 12 个 LED 灯串联,是一个 300 kHz 的固定频率 PWM 降压 DC-DC 转换器,如图 3.2 所示。

图 3.2　XL6003 芯片

2. 芯片 XL6003 内部结构与功能

片内置软启动电路、环路频率补偿电容、内部固定频率、全内置过压保护、过流保护、过热保护等电路。XL6003 芯片引脚功能见表 3.3,引脚排列如图 3.3 所示。

表 3.3　XL6003 芯片引脚功能

引脚编号	引脚名称	功　能
1	EN	使能引脚。驱动 ON/OFF 引脚为低电平则关断设备,引脚高电平则是开启,悬空则默认高电平
2	VIN	电压输入引脚,XL6003 工作在直流电压 3.6～36 V,外接合适的旁路电容来消除噪声
3	FB	反馈引脚,反馈电压是 0.23 V
4	NC	空角
5,6	SW	功率开关输出引脚,输出端是提供功率输出的开关接点
7,8	GND	接地角

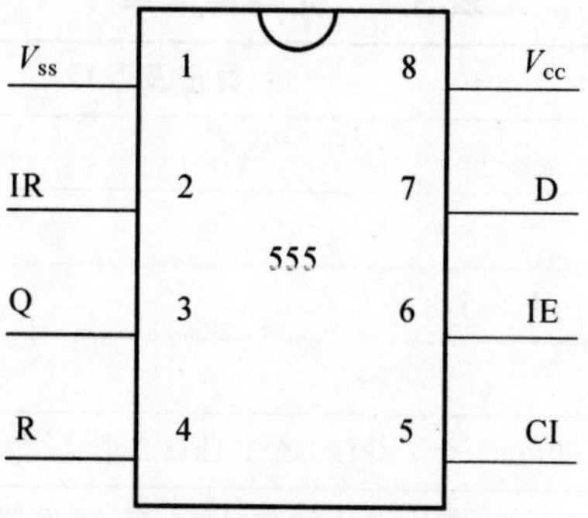

图 3.3　XL6003 引脚排列

在 XL6003 引脚 1 附近的塑料封装外壳上点了一个黑点凹痕作为标记。

3. 芯片 XL6003 应用环境

最高输出电流:1 A;

最高输入电压:XL6003 为 5～18 V;

输出电压:42 V;

输出电流:$I=0.22\text{V}/R_{\text{CS}}$;

振动频率:400kHz;

转换效率:80%～95%(不同电压输出时的效率不同);

封装形式:SOP8L;

控制方式:PWM;

工作温度范围:−40～+125℃;

工作模式:低功耗/正常两种模式可外部控制;

工作模式控制:TTL 电平兼容;

所需外部元件:只需极少的外围器件便可构成高效稳压电路;外围元件少,低纹波;

器件保护:热关断及电流限制,输出短路保护功能;输入电源开关噪声抑制功能;Enable 开关信号的迟滞功能。

4. 芯片 XL6003 原理

图 3.4 中的 VT 为开关管,当脉冲振荡器对双稳态电路置位(即 Q 端为 1)时,VT 导通,电感 VT 中流过电流并储存能量,直到电感电流在 R_S 上的压降等于比较器设定的阈值电压时,双稳态电路复位,即 Q 端为 0。此时 VT 截止,电感 L_T 中储存的能量通过一极管 VD_1 供给负载,同时对 C 进行充电。当负载电压要跌落时,电容 C 放电,这时输出端可获得高于输入端的稳定电压。

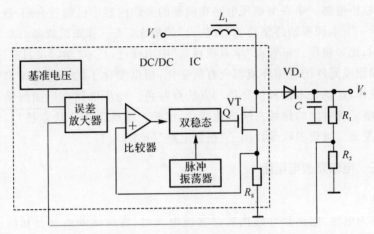

图 3.4　XL6003 内部原理

学习任务二　齐纳稳压二极管

1. 齐纳稳压二极管外形

图 3.5 所示为齐纳稳压二极管。

图 3.5　齐纳稳压二极管

2. 齐纳稳压二极管功能

齐纳稳压二极管是一种直到临界反向击穿电压前都具有很高电阻的半导体器件。稳压管在反向击穿时,在一定的电流范围内(或者说在一定功率损耗范围内),端电压几乎不变,表现出稳压特性,因而广泛应用于稳压电源与限幅电路之中。

3.齐纳稳压二极管应用

(1)浪涌保护电路。稳压管在准确的电压下击穿,这就使得它可作为限制或保护之元件来使用,因为各种电压的稳压二极管都可以得到,故对于这种应用特别适宜。

(2)电弧抑制电路。在电感线圈上并联接入一只合适的稳压二极管(也可接入一只普通二极管,原理一样的话),当线圈在导通状态切断时,由于其电磁能释放所产生的高压就被二极管所吸收,所以当开关断开时,开关的电弧也就被消除了。这个应用电路在工业上用得比较多,如一些较大功率的电磁吸控制电路就用到它。

(3)串联型稳压电路。串联型稳压电路在前面的实训内容中已做过介绍,这里不赘述。借此机会在这里谈一下本课程始终坚持的"方法点"的概念,某一节知识或某一个元件在不同的项目里都在使用,比如稳压二极管在"学习项目二"中出现过,在本"学习项目三"里又再一次出现,每次出现,知识或元件的应用环境都会有所变化,根据变化了的环境总结出知识或元件的最普遍的应用规律,这就是本课程所坚持的方法点特色。稳压电路在后面的学习项目四中还将出现,学习情境随着时间的延续在缓慢地变化、成长!熟练运用方法点技巧,笔者利用稳压二极管与电阻、发光二极管串联设计出了"报警电路"(见图3.1)。

学习任务三 电感充放电电路

1.电感器外形

电感器简称为电感,电感是导线内通过交流电流时,在导线的内部及其周围产生交变磁通,导线的磁通量与生产此磁通的电流之比。变化中的电流会产生磁场,而变动的磁场会感应出电动势,其线性关系的参数,我们称为电感。电感器外形如图3.6所示。

图3.6 电感器

2.电感类别

环绕铁素体(ferrite)线轴制成,而有些防护电感把线圈完全置于铁素体内。一些电感元件的芯可以调节,由此可以改变电感大小。小电感能直接蚀刻在PCB板上,用一种铺设螺旋轨迹的方法。小值电感也可用以制造晶体管同样的工艺制造在集成电路中。

3.电感充放电原理

在电路中电流发生变化时能产生电动势的性质称为电感,电感又分为自感和互感,

当单个电感线圈在电路中被应用时,线圈的主要特性表现为自感。电感的使用价值在于它的充放电工作过程。电感充电电路如图3.7所示。

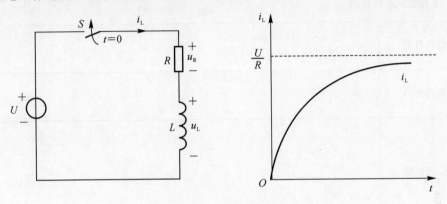

图3.7 电感充电电路

实训任务:按照图3.8所示,在线路板上安装调试电路,并写出实训报告。

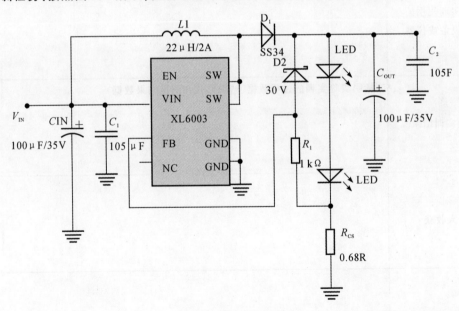

图3.8 恒流源电路

天津中德应用技术大学实验实训报告

系部		班级		姓名		学号	
日期		实训地点		指导教师		成绩	

课程名称	
实验实训项目名称	

实验实训目的	
实验实训内容	
实验实训步骤	
实验实训使用的 主要设备或仪器	
实验实训结果	（标明实验实训的过程数据、结果形式和测量结果数据）
个人收获	
指导教师意见	指导教师签字　　　　　　　年　　月　　日

天津中德应用技术大学教务处制

（注：请各教学系部统一存档）

学习情境二 脉动波形产生电路

脉动波形产生电路有两方面的任务:①产生所要求的频率的方波;②提供所要求的峰值的脉动电流,这里涉及给闪光灯配重的负载电阻的选择。脉动输出模块主要由555多谐振荡电路组成,通过555振荡电路将电阻量转换为相应的频率信号值。考虑到要求的频率计数精度高,所以要选用相对精密的电阻和电容,同时又要考虑到不能使电阻消耗的功率过大,以防降低电路的效率;先确定对应挡位的频率数值,然后再确定电阻或电容值。为了保证输出的脉动电流峰值尽量高,需要给闪光灯配重阻值较小的电阻,这个电阻阻值的选择涉及555多谐振荡电路输出的频率值。555多谐振荡器输出脉冲给XL6003恒流驱动模块来实现系统脉动信号的恒流输出。

学习任务一 555定时芯片

1. 555定时器

555定时器是一种模拟和数字功能相结合的中规模集成器件,其外形如图3.9所示,其引脚排列如图3.10所示。555定时器应用广泛,使用简便。

图3.9 555定时器

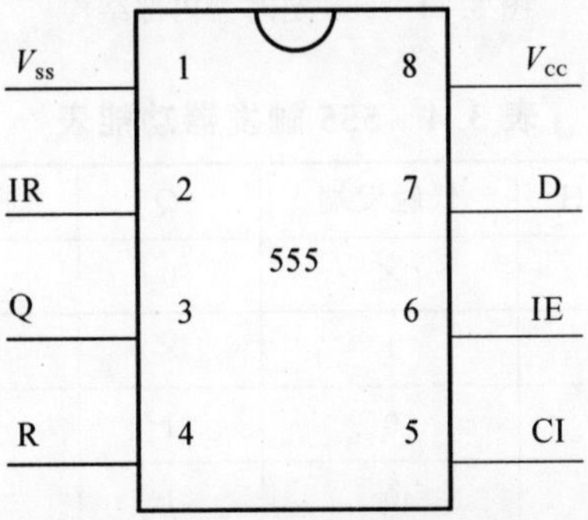

图3.10 555定时器引脚排列

1—GND(V_{ss}); 2—触发; 3—输出; 4—复位; 5—控制电压; 6—门限(阈值);

7—放电; 8—电源V_{cc}

2. 内部结构与功能

555 定时器内部结构如图 3.11 所示。内部包括 2 个电压比较器、3 个等值串联电阻、1 个 RS 触发器、1 个放电管 T 及功率输出级。它提供两个基准电压 $V_{cc}/3$ 和 $2V_{cc}/3$。

555 定时器的功能主要由两个比较器决定。两个比较器的输出电压控制 RS 触发器和放电管的状态。在电源与地之间加上电压,当 5 脚悬空时,则电压比较器 C_1 的反相输入端的电压为 $2V_{cc}/3$,C_2 的同相输入端的电压为 $V_{cc}/3$。若触发输入端 TR 的电压小于 $V_{cc}/3$,则比较器 C_2 的输出为 0,可使 RS 触发器置 1,使输出端 $V_{OUT}=1$。如果阈值输入端 TH 的电压大于 $2V_{cc}/3$,同时 TR 端的电压大于 $V_{cc}/3$,则 C_1 的输出为 0,C_2 的输出为 1,可将 RS 触发器置 0,使输出为 0 电平。555 定时器成本低,性能可靠,只需要外接几个电阻、电容,就可以实现多谐振荡器、单稳态触发器及施密特触发器等脉冲产生与变换电路。它也常作为定时器广泛应用于仪器仪表、家用电器、电子测量及自动控制等方面。表 3.4 为 555 触发器功能表。

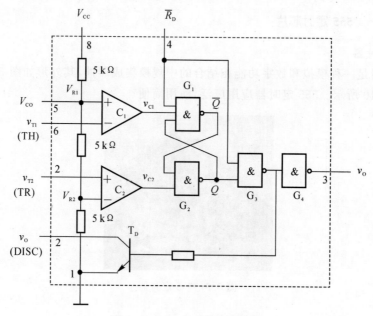

图 3.11 555 定时器内部结构

表 3.4 555 触发器功能表

清零端	高触发端 TH	低触发端	Q	放电管 T	功能
0	×	×	0	导通	清零
1	0	1	×	保持	保持
1	1	0	1	截止	置 1
1	0	0	1	截止	置 1
1	1	1	0	导通	清零

注:×=任意;0=低;1=高。

3. 应用

(1)构成施密特触发器,用于 TTL 系统的接口,整形电路或脉冲鉴幅等(见图3.12)。

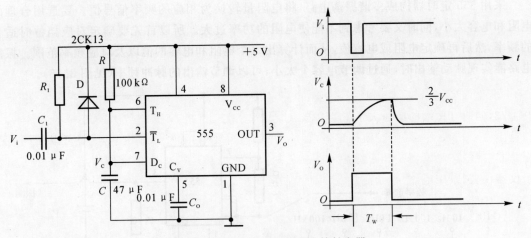

图 3.12 555 定时器构成施密特触发器

(2)构成多谐振荡器,组成信号产生电路(见图3.13)。

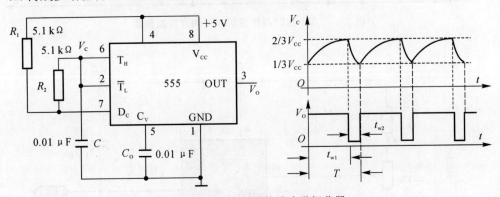

图 3.13 555 定时器构成多谐振荡器

学习任务二 555 定时器构成占空比可调的方波振荡器

为使占空比可调,加入了二极管 D,由图可知,电容 C 的充电回路经 $R_{P1} \rightarrow D \rightarrow C$;放电回路经 $C \rightarrow R_{P2} \rightarrow 555$ 的 7 引脚,调节 R_P 即可调节占空比为 1/3 脉宽(见图3.14)。

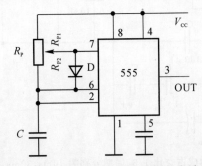

图 3.14 555 定时器构成占空比可调的方波振荡器

学习任务三　　555 定时器构成频率可调方波振荡器

采用 555 定时器构成多谐振荡电路,将电阻量转换为相应的频率信号值。要选用合理的电阻和电容大小,同时又要考虑到不能使电阻的功率过大。所以首先要确定对应挡位时适合的频率,然后再确定电阻或电容值,从而计算出每个电阻和电容的值以及对应频率范围。振荡电路能实现脉动输出时,通过调节电容个大小,可以调节输出的脉冲频率(见图 3.15)。

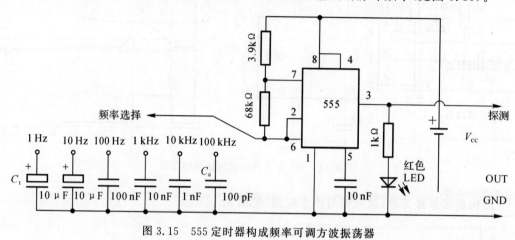

图 3.15　555 定时器构成频率可调方波振荡器

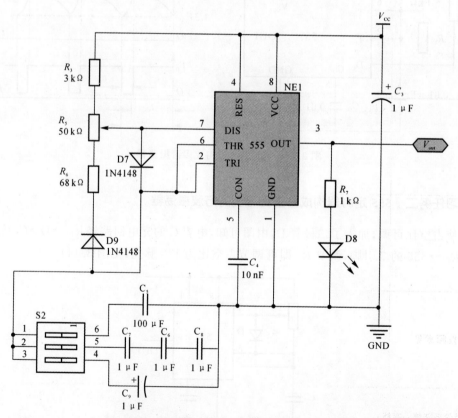

图 3.16　555 定时器构成占空比 1/3、周期分别为 10ms,30ms,100ms 的方波振荡器

实训任务：在线路板上制作占空比 1/3、周期分别为 10ms，30ms，100ms 方波振荡器并写出调试报告(见图 3.16)。

天津中德应用技术大学实验实训报告

系部		班级		姓名		学号	
日期		实训地点		指导教师		成绩	
课程名称							
实验实训项目名称							
实验实训目的							
实验实训内容							
实验实训步骤							
实验实训使用的主要设备或仪器							
实验实训结果	(标明实验实训的过程数据、结果形式和测量结果数据)						
个人收获							
指导教师意见							
	指导教师签字　　　　年　　月　　日						

天津中德应用技术大学教务处制

(注：请各教学系部统一存档)

学习情境三 脉冲计数控制电路

脉冲计数控制电路由 JK 触发器及与门和与非门组成,用于脉冲计数。

学习任务一 JK 触发器

1.JK 触发器(JK flip - flop)

JK 触发器是数字电路中的一种基本时序电路单元,由 JK 触发器可以构成 D 触发器和 T 触发器。JK 触发器具有置 0、置 1、保持和翻转功能,在各类集成触发器中,JK 触发器的功能最为齐全;在实际应用中,JK 触发器不仅有很强的通用性,而且能灵活地转换其他类型的触发器。TTL 系列中 JK 触发器的系列号是 74LS112。

图 3.17 JK 触发器封装

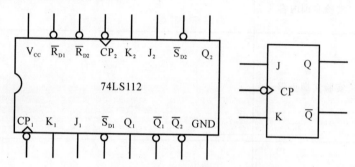

图 3.18 JK 触发器引脚排列及逻辑符号

2.JK 触发器内部结构与功能

促使触发器状态发生变化的外部操作称为触发,触发器的触发方式分为电平触发和边沿触发,边沿出发的触发器叫作边沿触发器。边沿 JK 触发器属于脉冲触发方式,触发翻转只在时钟脉冲的负跳变沿发生;边沿 JK 触发器具有置位、复位、保持(记忆)和计数功能;由于接收输入信号的工作在 CP 下降沿前完成,触发翻转发生在下降沿,在下降沿后触发器被封锁,所以不存在一次变化的现象,抗干扰性能好,工作速度快。

原理:当 $CP=0$ 时,主触发器状态不变,从触发器输出状态与主触发器的输出状态相同。

当 $CP=1$ 时,输入 J,K 影响主触发器,而从触发器状态不变。当 CP 从 1 变成 0 时,主触发器的状态传送到从触发器,即主从触发器是在 CP 下降沿到来时才使触发器翻转的。

下面分四种情况来分析主从型 JK 触发器的逻辑功能。

(1)$J=1,K=1$。设时钟脉冲到来之前($CP=0$)触发器的初始状态为 0。这时

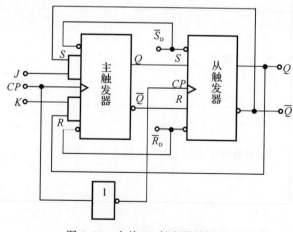

图 3.19 主从 JK 触发器结构

主触发器的 $R=K=0,S=J=1$ 时钟脉冲到来后($CP=1$),主触发器翻转成 1 态。当 CP 从 1 下跳为 0 时,主触发器状态不变,从触发器的 $R=0,S=1$,它也翻转成 1 态。反之,设触发器的初始状态为 1。可以同样分析,主、从触发器都翻转成 0 态。

可见,JK 触发器在 $J=1,K=1$ 的情况下,来一个时钟脉冲就翻转一次,即具有计数功能。

(2)$J=0,K=0$。设触发器的初始状态为 0。当 $CP=1$ 时,由于主触发器的 $R=0,S=0$,它的状态保持不变。当 CP 下跳时,由于从触发器的 $R=1,S=0$,它的输出为 0 态,即触发器保持 0 态不变。如果初始状态为 1,触发器亦保持 1 态不变。

(3)$J=1,K=0$。设触发器的初始状态为 0。当 $CP=1$ 时,由于主触发器的 $R=0,S=1$,它翻转成 1 态。当 CP 下跳时,由于从触发器的 $R=0,S=1$,也翻转成 1 态。如果触发器的初始状态为 1,当 $CP=1$ 时,由于主触发器的 $R=0,S=0$,它保持原态不变;在 CP 从 1 下跳为 0 时,由于从触发器的 $R=0,S=1$,也保持 1 态。

(4)$J=0,K=1$。设触发器的初始状态为 1 态。当 $CP=1$ 时,由于主触发器的 $R=1,S=0$,它翻转成 0 态。当 CP 下跳时,从触发器也翻转成 0 态。如果触发器的初始状态为 0 态,当 $CP=1$ 时,由于主触发器的 $R=0,S=0$,它保持原态不变;在 CP 从 1 下跳为 0 时,由于从触发器的 $R=1,S=0$,也保持 0 态。

表 3.5　主从 JK 触发器特征表

J	K	输出	说明
0	0	Q	保持
0	1	0	复位
1	0	1	置位
1	1	$\bar{Q}$	计数

学习任务二　三进制异步计数器

1.结构

由两个 JK 触发器构成,具有异步计数功能。

2.原理

三进制异步计数器如图 3.20 所示,它由 2 个 JK 触发器组成。每个触发器的 J,K 端悬空,都处于 $J=K=1$ 的计数工作状态,计数输入脉冲由触发器的 CP 端输入,低位触发器的输出端 Q 与相邻高位触发器 CP 端相连接。输入第一个 CP 计数脉冲,当该脉冲下降沿到来时,触发翻转,Q_1 由 0 变 1。计数器的状态为 001。输入第二个 CP 计数脉冲,其下降沿又触发翻转,Q_2 由 0 变 1,此时计数器的输出为 011。当再来一个 CP 脉冲时,又发生一次触发翻转,Q_1 由 1 变为 0。计数器输出脉冲信号,完

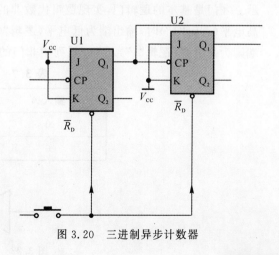

图 3.20　三进制异步计数器

成一次计数。当 Q_1 由 1 变为 0 时,计数器输出脉冲,由 Q_1 进入第二个计数器 CP,计数器按照第一个工作原理,继续执行完成计数。$\bar{R}_D$ 为一次脉冲完成时,可用其来复位。

学习任务三　脉冲计数控制电路

1. 结构

脉冲计数控制电路由两个 JK 触发器及其与门和与非门构成。

2. 与门(AND gate)

与门又称"与电路",是执行"与"运算的基本逻辑门电路,有多个输入端,一个输出端,如图 3.21 所示,与门是实现逻辑"乘"运算的电路,有两个以上输入端,一个输出端。只有当所有输入端都是高电平(逻辑"1")时,该电路输出才是高电平(逻辑"1"),否则输出为低电平(逻辑"0")。TTL 系列中与门的系列号是 74LS08;其二输入与门的数学逻辑表达式:$Y=AB$,对应的真值表见表 3.6。

表 3.6　2 输入端与门真值表

输入 A	输入 B	输出 Y
0	0	0
0	1	0
1	0	0
1	1	1

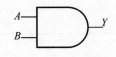

图 3.21　与门电路符号

3. 非门(NOT gate)

非门又称反相器,是逻辑电路的基本单元,非门有一个输入和一个输出端,如图 3.22 所示。非门是基本的逻辑门,实现逻辑代数非的功能,即输出始终和输入保持相反。当输入端为高电平(逻辑"1")时,输出端为低电平(逻辑"0");反之,当输入端为低电平(逻辑"0")时,输出端则为高电平(逻辑"1"),TTL 系列中非门的系列号是 74LS04;其真值表见表 3.7。

表 3.7　非门真值表

输入 A	输出 Y
0	1
0	0

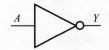

图 3.22　非门电路符号

4. 与非门（NAND gate）

与非门是数字电路的一种基本逻辑电路，如图 3.23 所示。若当输入均为高电平（1），则输出为低电平（0）；若输入中至少有一个为低电平（0），则输出为高电平（1）。与非门可以看作是与门和非门的叠加。TTL 系列中非门的系列号是 74LS00；其真值表为见表 3.8。

表 3.8　2 输入端与非门真值表

输入 A	输入 B	输出 Y
0	0	1
0	1	1
1	0	1
1	1	0

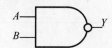

图 3.23　与非门电路符号

5. 脉冲计数控制电路原理

脉冲计数控制电路原理图如图 3.24 所示。

当开关 S_1 连接"3"和"2"两点，V_{out} 输出连续脉冲 CP。

当开关 S_1 连接"1"和"2"两点，V_{out} 输出计数脉冲，一次输出 3 个 CP 脉冲。

接通电源、按动复位开关 S_3，两级 JK 触发器的 Q_1 端均为 0，与门 U_1，U_5 同时打开：①V_{out} 输出 CP 脉冲串，②CP 脉冲串进入 JK 触发器，计数器开始计数。3 个脉冲后，两级 JK 触发器的 Q_1 端均为 1，与非门 U_2 的输出 $F_2=0$，与门 U_1，U_5 同时打关闭，V_{out} 输出 0，至此，从复位到现在 V_{out} 共计输出了 3 个 CP 脉冲。所以，上述电路是输出 3 个脉冲串的计数控制电路。

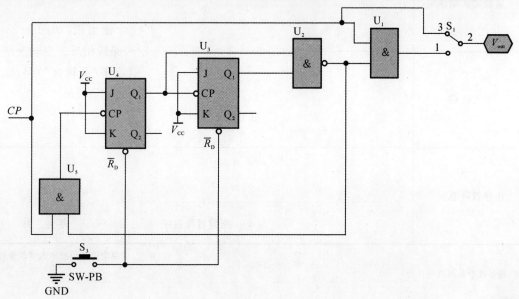

图 3.24　脉冲计数控制电路原理图

实训任务:在线路板上装配并调试 3 脉冲串的计数控制电路。

实训任务:将恒流源电路、脉动波形产生电路、脉冲计数控制电路级联统调并写出实训报告。

天津中德应用技术大学实验实训报告

系部		班级		姓名		学号	
日期		实训地点		指导教师		成绩	
课程名称							
实验实训项目名称							
实验实训目的							
实验实训内容							
实验实训步骤							
实验实训使用的主要设备或仪器							
实验实训结果	（标明实验实训的过程数据、结果形式和测量结果数据）						
个人收获							
指导教师意见	指导教师签字　　　　　　　年　　月　　日						

天津中德应用技术大学教务处制

（注:请各教学系部统一存档）

制作好的 LED 闪光灯电源装置如图 3.25 所示。

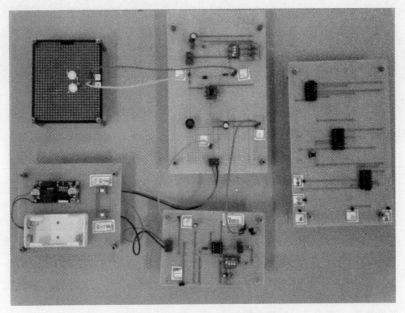

图 3.25　LED闪光灯电源装置

学习项目四　烟雾报警器制作

本项目(见表4.1)选自1996年天津中德培训中心夏季联考试题,考试合格者颁发IHK(德国手工业协会)资格认证证书。

表 4.1　项目导航

现代学师制:做!先做后知,知而再做	做中教	四步教学法:1.准备;2.演示;3.指导;4.学生独立做
		1.考试准备,发放电路元件;
		2.巡视监考,注意学员的安全;
		3.关键地方可以适当提示,以便考试顺利进行,增强学员的信心和成就感,考试首先是学习过程;
		4.严格、认真评判,对发现的问题及时总结
	做中学	五段式:1.和老师一起准备;2.模仿老师动作;3.教师指导下操作;4.总结交流(吸取他人经验教训、完善自己);5.独立操作
		1.检查工具和仪器仪表,核对老师发给自己的元件;
		2.学员制订工作计划;
		3.考试件实施,注意要求及时限;
		4.工作结束后整理试验台,关电源提交考试件,总结自己的表现

烟雾报警电路(见图4.1)由三部分功能相对独立的电路单元组成,它们分别是电源部分、比较判别电路和放大驱动部分。上述每一部分可以划归成一个学习情境。每一个学习情境的电路单独制作调试,然后将各个学习情境的电路模块级联在一起,进行统调。

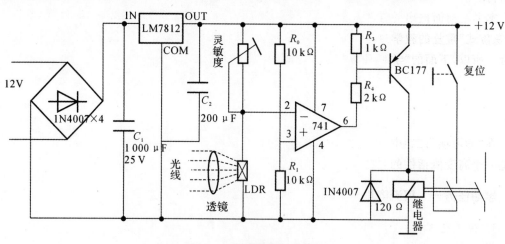

图 4.1　烟雾报警电路图

每个学习情境根据工作原理和使用元件的不同分为若干个学习任务,通过对情境内所有任务的学习,达到掌握学习情境总目标的目的。在这里简单介绍一下德国职业技术教育项目驱动教学法的特点。

德国职业技术教育项目驱动教学法的特点之一就是保持项目的完整性。

如果只教制作上述烟雾报警电路的以下部分(见图4.2),学员会说:项目不完整,没做电源部分。我只做了烟雾报警器电路后部分内容,不能称其为烟雾报警器!但也会有学员说:既然前面项目二内容已经做了电源部分电路,现在就应该只做"判断与驱动电路"。

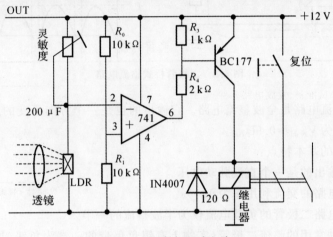

图 4.2 判断与驱动电路

两种说法都有道理,但问题是现在学习项目四的学员都做过"学习项目二"吗?做过"学习项目二"的学员,电源电路的内容都熟练会用了吗?只有重复相似的内容才能考察学员方法运用的合理与否!没有重复就不能叫作教学,而只能叫作讲座!德国人的严谨性和保持项目的完整性两方面都要求我们从头至尾一丝不苟地做完整的烟雾报警器项目。面对新知识、新技能认真学习的学员是好同学,既认真学习新知识、新技能又对学过的知识、技能认真研究,从中找出自己破绽的人是超好同学。

本书在前面提出的方法点指的是什么?指的就是"螺旋式"重复已学过的知识和技能。没有"螺旋式"重复的教学过程不是好的教学过程;"螺旋式"重复太多的教学过程仍然不是好的过程。所以,下面的"学习情境一直流电源电路"适度重复以前。

学习情境一 直流电源电路

在"学习项目二"中,把这部分内容称作"学习情境二 变流电路(1)——交流变直流",那显然是一个高度概括性的名词。

学习任务一 整流电路

1. 桥式整流

桥式整流电路如图4.3所示,就是用二极管组成一个桥式电路。

当输入电压处于交流电压正半周时,二极管 D_1、负载电阻 R_L,D_3 构成一个回路(图4.3中虚线所示),输出电压 $v_o = v_i - v_{D1} - v_{D3}$。输入电压处于交流电压负半周时,二极管 D_2、负载电

阻 R_L 和 D_4 构成一个回路,输出电压 $v_o = v_i - v_{D2} - v_{D4}$。

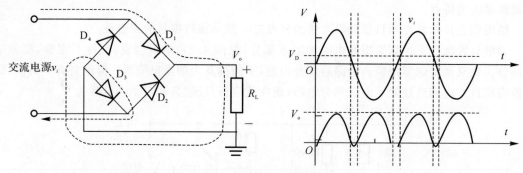

图 4.3　二极管桥式整流电路

二极管桥式整流电路是全波整流电路。它输出的也是一个方向不变的脉动电压,桥式整流输出电压有效值为 $V_{orsm} = 0.9U_{rsm}$。

桥式整流电路的基本特点:

(1)桥式整流输出的是一个直流脉动电压。

(2)桥式整流电路的交流利用率为 100%。

(3)桥式整流电路二极管的负载电流仅为半波整流的一半。

1N4007 是一种常用的整流二极管(实物上有银色色带的一端为负级,见图 4.4),常用于桥式整流电路。其特点是:

较强的正向浪涌承受能力:30 A;

最大正向平均整流电流:1.0 A;

极限参数为 $V_{RM} \geqslant 50$ V;

最高反向耐压:1 000 V;

低的反向漏电流:5 μA(最大值);

正向压降:1.0 V;

最大反向峰值电流:30 μA;

典型热阻:65℃/W;

典型结电容:15pF;

工作温度:$-50 \sim +150$℃。

图 4.4　1N4007 二极管

学习任务二　稳压电路

电子产品中,常见的三端稳压集成电路有正电压输出的 lm78×× 系列和负电压输出的 lm79×× 系列。顾名思义,三端 IC 是指这种稳压用的集成电路只有三条引脚,分别是输入端、接地端和输出端(见图 4.5 和图 4.6)。它的样子像是普通的三极管。

管脚的作用:以 lm78×× 为例,1 脚是输入,即全波整流输出的 +12 V 接 1 脚;2 脚是接地,即 12 V 电压的负端,且是公共的地;3 脚是 12 V 稳压后的输出端。正面看,从左至右,为 1 输入脚,2 接地脚,3 输出脚。

用 78/79 系列三端稳压 IC 来组成稳压电源所需的外围元件极少,电路内部还有过流、过热及调整管的保护电路,使用起来可靠、方便,而且价格便宜。该系列集成稳压 IC 型号中的

78 或 79 后面的数字代表该三端集成稳压电路的输出电压,如 7806 表示输出电压为 +6 V,7909 表示输出电压为 -9 V。

78/79 系列三端稳压 IC 有很多电子厂家生产,通常前缀为生产厂家的代号,如 TA7805 是东芝的产品,AN7909 是松下的产品。

有时在数字 78 或 79 后面还有一个 M 或 L,如 78M12 或 79L24,用来区别输出电流和封装形式等,其中 78L 调系列的最大输出电流为 0.1 A,78M 系列最大输出电流为 0.5 A,78 系列最大输出电流为 1A。

图 4.5 三端稳压器的引脚

注意三端集成稳压电路的输入、输出和接地端绝不能接错,不然容易烧坏。

集成稳压电路的最小输入、输出电压差约为 2 V,否则不能输出稳定的电压,一般应使电压差保持在 4~5 V,即经变压器变压,二极管整流,电容器滤波后的电压应比稳压值高一些。

在实际应用中,应在三端集成稳压电路上安装足够大的散热器,当稳压管温度过高时,稳压性能将变差,甚至损坏。

当制作中需要一个能输出 1.5 A 以上电流的稳压电源,通常采用几块三端稳压电路并联起来,使其最大输出电流为 N 个 1.5 A,但应用时须注意:并联使用的集成稳压电路应采用同一厂家、同一批号的产品,以保证参数的一致。

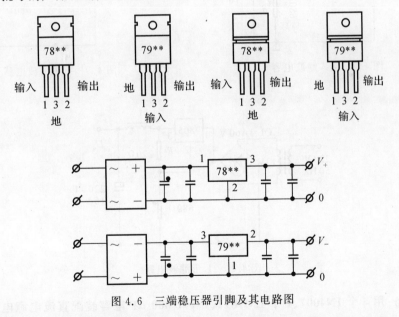

图 4.6 三端稳压器引脚及其电路图

此外,还应注意,散热片总是和最低电位的第③脚相连。这样在 78×× 系列中,散热片和地相连接,而在 79×× 系列中,散热片却和输入端相连接。

使用三端集成稳压器的注意事项:

(1)为了防止自激振荡,在输入端一般要接一个 $0.1\sim0.33~\mu F$ 的电容 C_i。

（2）为了消除高频噪声和改善输出的瞬态特性，即在负载电流变化时不致引起 U_o 有较大波动，输出端要接一个 $1\mu F$ 以上的电容 C_o。

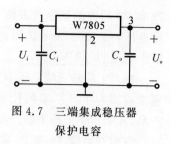

图 4.7 三端集成稳压器
保护电容

（3）为了保证输出电压的稳定，输入、输出间的电压差应大于 2 V。但也不应太大，太大会引起三端稳压器功耗增大而发热，一般取 3～5 V。

（4）除 W7824（W7924）的最大输入电压为 40 V 外，其他稳压器的最大输入电压为 35 V。

（5）尽管三端稳压器有过载保护，为了增大其输出电流，外部要加散热片。

学习任务三　滤波电路

滤波电路就是在三端稳压器的输出端并接一个 $100～1\ 000\ \mu F$ 的电容，以达到使输出电压进一步稳定的效果，如图 4.8 所示。也可以串入滤波电感滤波，如图 4.9 所示。也可以电感、电容组合接入，形成 L 形滤波，如图 4.10 所示。

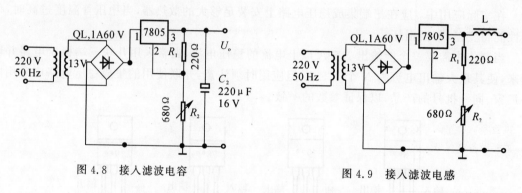

图 4.8　接入滤波电容　　　　　　　　图 4.9　接入滤波电感

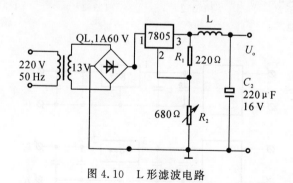

图 4.10　L 形滤波电路

实训任务：用 4 个 1N4007、1 个 LM7812、1 个 1 000 μF 电容装配直流电源电路并写出总结报告。

方法点：考眼力、拼原理：本项目图 4.8 与前面"项目二"图 2.40 之间有何区别？这个区别造成两个电路在性能上有哪些差异？

天津中德应用技术大学实验实训报告

系部		班级		姓名		学号	
日期		实训地点		指导教师		成绩	

课程名称	
实验实训项目名称	

实验实训目的	
实验实训内容	
实验实训步骤	
实验实训使用的主要设备或仪器	
实验实训结果	（标明实验实训的过程数据、结果形式和测量结果数据）
个人收获	
指导教师意见	指导教师签字　　　　　年　月　日

天津中德应用技术大学教务处制

（注：请各教学系部统一存档）

学习情境二 比较判别电路

比较判别电路如图 4.11 所示。它可以分成三个学习任务：光敏电阻、集成运算放大器和可调电阻。

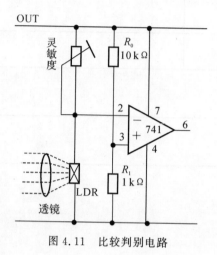

图 4.11 比较判别电路

学习任务一 光敏电阻

光敏电阻器是利用半导体的光电导效应制成的一种电阻值随入射光的强弱而改变的电阻器，又称为光电导探测器（见图 4.12）。一种是入射光强，电阻减小，入射光弱，电阻增大；另一种是入射光弱，电阻减小，入射光强，电阻增大。

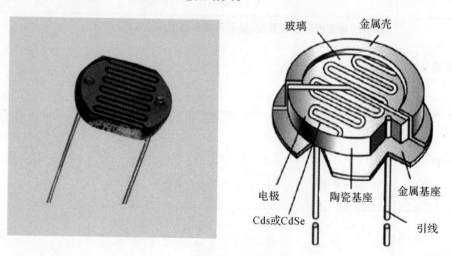

图 4.12 光敏电阻

根据光敏电阻的光谱特性，可分为三种光敏电阻器：紫外光敏电阻器、红外光敏电阻器和可见光光敏电阻器。

作用：光敏电阻器一般用于光的测量、光的控制和光电转换（将光的变化转换为电的变化)。常用的光敏电阻器硫化镉光敏电阻器,它是由半导体材料制成的。光敏电阻器对光的敏感性(即光谱特性)与人眼对可见光(0.4～0.76)μm 的响应很接近,只要人眼可感受的光,都会引起它的阻值变化。设计光控电路时,都用白炽灯泡(小电珠)光线或自然光线作控制光源,使设计大为简化。

学习任务二 集成运算放大器

1. μA741 运算放大器

运算放大器(简称"运放")是具有很高放大倍数的电路单元。在实际电路中,通常结合反馈网络共同组成某种功能模块。它是一种带有特殊耦合电路及反馈的放大器。其输出信号可以是输入信号加、减或微分、积分等数学运算的结果。由于早期应用于模拟计算机中用以实现数学运算,因而得名"运算放大器"。

μA 741 放大器为运算放大器中最常被使用的一种,拥有反相与非反相两输入端,由输入端输入欲被放大的电流或电压信号,经放大后由输出端输出。放大器工作时的最大特点为需要一对同样大小的正负电源,其值由 $\pm 12V_{dc}$ 至 $\pm 18V_{dc}$ 不等,而一般使用 $\pm 15V_{dc}$ 的电压。

图 4.13 μA741M,μA741I,μA741C 芯片封装和引脚

1,5—偏置(调零端); 2—正向输入端; 3—反向输入端; 4—接地; 6—输出; 7—接电源; 8—空脚

2. 运算放大器的原理

运算放大器(Operational Amplifier,OP,OPA,OPAMP)是一种直流耦合,差模(差动模式)输入、通常为单端输出(differential-in, single-ended output)的高增益(gain)电压放大器。运算放大器具有两个输入端和一个输出端,如图 4.14 所示,其中标有"＋"号的输入端为"同相输入端"而不能叫作正端,另一只标有"－"号的输入端为"反相输入端"同样也不能叫作负端,如果先后分别从这两个输入端输入同样的信号,则在输出端会得到电压相同但极性相反的输出信号:输出端输出的信号与同相输入端的信号同相,而与反相输入端的信号反相。

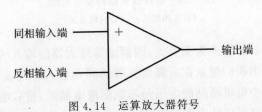

图 4.14 运算放大器符号

运算放大器所接的电源可以是单电源的,也可以是双电源的,如图 4.15 所示。

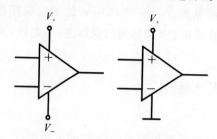

图 4.15　运算放大器的偏置

运算放大器有一些非常有意思的特性,灵活应用这些特性可以获得很多独特的用途,总的来说,这些特性可以综合为两条:

(1)运算放大器的放大倍数为无穷大。

(2)运算放大器的输入电阻为无穷大,输出电阻为零。

现在简单地看看由于上面的两个特性可以得到一些什么样的结论。

首先,运算放大器的放大倍数为无穷大,所以只要它的输入端的输入电压不为零,输出端就会有与正的或负的电源一样高的输出电压本来应该是无穷高的输出电压,但受到电源电压的限制。准确地说,如果同相输入端输入的电压比反相输入端输入的电压高,哪怕只高一点,运算放大器的输出端就会输出一个与正电源电压相同的电压;反之,如果反相输入端的电压比同相输入端的电压高,运算放大器的输出端就会输出一个与负电源电压相同的电压(如果运算放大器用的是单电源,则输出电压为零)。

其次,由于放大倍数为无穷大,所以不能将运算放大器直接用来作放大器用,必须要将输出的信号反馈到反相输入端(称为负反馈)来降低它的放大倍数。如图 4.16(a)所示,R_f 的作用就是将输出的信号返回到运算放大器的反相输入端,由于反相输入端与输出端的电压变化是相反的,因而会减小电路的放大倍数,是一个负反馈电路,电阻 R_f 也叫作负反馈电阻。

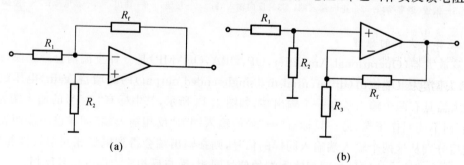

(a)

(b)

图 4.16　运算放大器的反馈电阻

(a)反相接法;　(b)同相接法

还有,由于运算放大器的输入为无穷大,因而运算放大器的输入端是没有电流输入的——它只接受电压。同样,如果我们想象在运算放大器的同相输入端与反相输入端之间是一只无穷大的电阻,那么加在这个电阻两端的电压是不能形成电流的,没有电流,根据欧姆定律,电阻两端就不会有电压,所以又可以认为在运算放大器的两个输入端电压是相同的(电压在这种情况就有点像用导线将两个输入端短路,所以又将这种现象叫作"虚短")。

一个理想的运算放大器必须具备下列特性:无限大的输入阻抗、等于零的输出阻抗、无限大的开回路增益、无限大的共模排斥比的部分、无限大的频宽。当一个理想运算放大器采用开回路的方式工作时,其输出与输入电压的关系式如下:

$$V_{out} = (V_+ - V_-) * A_{og}$$

其中,A_{og} 代表运算放大器的开环回路差动增益(open-loop differential gain)由于运算放大器的开环回路增益非常高,因此就算输入端的差动信号很小,仍然会让输出"饱和"(saturation),导致非线性的失真出现。因此运算放大器很少以开环回路出现在电路系统中,少数的例外是用运算放大器作比较器(comparator),比较器的输出通常为逻辑准位元的"0"与"1"。

3.闭环负反馈

将运算放大器的反向输入端与输出端连接起来,放大器电路就处在负反馈组态的状况,此时通常可以将电路简单地称为闭环放大器。闭环放大器依据输入信号进入放大器的端点,又可分为反相(inverting)放大器与非反相(non-inverting)放大器两种。

反相闭环放大器如图 4.17 所示。假设这个闭环放大器使用理想的运算放大器,则因为其开环增益为无限大,所以运算放大器的两输入端为虚接地(virtual ground),其输出与输入电压的关系式如下:

$$V_{out} = -(R_f/R_{in})V_{in}$$

理想运放和理想运放条件:在分析和综合运放应用电路时,大多数情况下,可以将集成运放看成一个理想运算放大器。理想运放顾名思义是将集成运放的各项技术指标理想化。由于实际运放的技术指标比较接近理想运放,因此由理想化带来的误差非常小,在一般的工程计算中可以忽略。

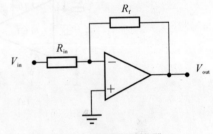

图 4.17　反相闭环放大器

理想运放各项技术指标具体如下:

(1)开环差模电压放大倍数 $A_{od} = \infty$;

(2)输入电阻 $R_{id} \to \infty$;输出电阻 $R_{od} = 0$

(3)输入偏置电流 $I_{B1} = I_{B2} = 0$;

(4)失调电压 U_{IO}、失调电流 I_{IO}、失调电压温漂 $\dfrac{dU_{IO}}{dT}$、失调电流温漂 $\dfrac{dI_{IO}}{dT}$ 均为零;

(5)共模抑制比 $C_{MRR} \to \infty$;

(6)−3dB 带宽 $f_H = \infty$;

(7)无内部干扰和噪声。

实际运放的参数达到如下水平即可以按理想运放对待:电压放大倍数达到 $10^4 \sim 10^5$ 倍;输入电阻达到 10^5 Ω;输出电阻小于几百欧姆;外电路中的电流远大于偏置电流;失调电压、失调电流及其温漂很小,造成电路的漂移在允许范围之内,电路的稳定性符合要求即可;输入最小信号时,有一定信噪比,共模抑制比大于等于 60 dB;带宽符合电路带宽要求即可。

运算放大器中的虚短和虚断含义:理想运放工作在线性区时可以得出 2 条重要的结论:

虚短:因为理想运放的电压放大倍数很大,而运放工作在线性区,是一个线性放大电路,输出电压不超出线性范围(即有限值),所以,运算放大器同相输入端与反相输入端的电位十分接近。当运放供电电压为±15V时,输出的最大值一般在10～13 V。所以运放两输入端的电压差,在1 mV以下,近似两输入端短路。这一特性称为虚短,显然这不是真正的短路,只是分析电路时在允许误差范围之内的合理近似。

虚断:由于运放的输入电阻一般都在几百千欧以上,流入运放同相输入端和反相输入端中的电流十分微小,比外电路中的电流小几个数量级,流入运放的电流往往可以忽略,这相当运放的输入端开路,这一特性称为虚断。显然,运放的输入端不能真正开路。

运用"虚短""虚断"这两个概念,在分析运放线性应用电路时,可以简化应用电路的分析过程。运算放大器构成的运算电路均要求输入与输出之间满足一定的函数关系,因此均可应用这两条结论。如果运放不在线性区工作,也就没有"虚短""虚断"的特性。如果测量运放两输入端的电位,达到几毫伏以上,往往该运放不在线性区工作,或者已经损坏。

4. 调零电路

由于运算放大器制造工艺等原因,当运算放大器输入端短路,为零输入时,输出端并不为零。为了解决这一问题,在设计集成运算放大器时专门留有外接调零电路的端口,只要接入调零电路,就可以使输出端调为零了。

常见的调零电路如图4.18所示。

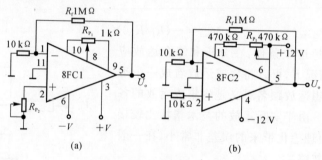

图4.18　运放调零电路

在图4.18(a)中,电位器R_{P_1}接在内部输入差动放大级集电极,用改变集电极电压差的方法调整零点;也可以在集成运算放大器的输入端接上电位器R_{P_2},让偏流流过R_{P_2},有意造成两输入偏流不平衡,以此来实现调零。

对于有些低漂移和输入电流很小的运算放大器可根据偏置零点的极性在输入放大级的集电极上接一个高阻值电位器,使集电极电阻不平衡,而改变输入级的电位差,使输出为零,如图4.18(b)所示。

5. 重要指标

(1)输入失调电压U_{IO}。一个理想的集成运放,当输入电压为零时,输出电压也应为零(不加调零装置)。但实际上集成运放的差分输入级很难做到完全对称,通常在输入电压为零时,存在一定的输出电压。输入失调电压是指为了使输出电压为零而在输入端加的补偿电压。实际上是指输入电压为零时,将输出电压除以电压放大倍数,折算到输入端的数值称为输入失调电压,即U_{IO}的大小反映了运放的对称程度和电位配合情况。U_{IO}越小越好,其量级在2～20 mV之间,超低失调和低漂移运放的U_{IO}一般在1～20 μV之间。

(2)输入失调电流I_{IO}。当输出电压为零时,差分输入级的差分对管基极的静态电流之差

称为输入失调电流 I_{IO},即

$$I_{IO} = |I_{B1} - I_{B2}|$$

由于信号源内阻的存在,I_{IO} 的变化会引起输入电压的变化,使运放输出电压不为零。I_{IO} 愈小,输入级差分对管的对称度越好,一般约为 1 nA～0.1 μA。

(3)输入偏置电流 I_{IB}。集成运放输出电压为零时,运放两个输入端静态偏置电流的平均值定义为输入偏置电流,即

$$I_{IB} = \frac{1}{2}(I_{B1} + I_{B2})$$

从使用角度来看,偏置电流小好,由于信号源内阻变化引起的输出电压变化也愈小,因而输入偏置电流是重要的技术指标。一般 I_{IB} 约为 1 nA～0.1 μA。

(4)最大差模输入电压 U_{idmax}。最大差模输入电压 U_{idmax} 是指运放两输入端能承受的最大差模输入电压。超过此电压,运放输入级对管将进入非线性区,而使运放的性能显著恶化,甚至造成损坏。根据工艺不同,U_{idmax} 约为 ±5～±30 V。

(5)最大共模输入电压 U_{icmax}。最大共模输入电压 U_{icmax} 是指在保证运放正常工作条件下,运放所能承受的最大共模输入电压。共模电压超过此值时,输入差分对管的工作点进入非线性区,放大器失去共模抑制能力,共模抑制比显著下降。

最大共模输入电压 U_{icmax} 定义为,标称电源电压下将运放接成电压跟随器时,使输出电压产生 1% 跟随误差的共模输入电压值;或定义为下降 6 dB 时所加的共模输入电压值。

(6)开环差模电压放大倍数 A_{ud}。开环差模电压放大倍数 A_{ud} 是指集成运放工作在线性区、接入规定的负载,输出电压的变化量与运放输入端口处的输入电压的变化量之比。运放的 A_{ud} 在 60～120 dB 之间。不同功能的运放,A_{ud} 相差悬殊。

(7)差模输入电阻 R_{id}。差模输入电阻 R_{id} 是指输入差模信号时运放的输入电阻。R_{id} 越大,对信号源的影响越小,运放的输入电阻 R_{id} 一般都在几百千欧以上。

(8)运放共模抑制比 K_{CMR}。运放共模抑制比 K_{CMR} 的定义与差分放大电路中的定义相同,是差模电压放大倍数与共模电压放大倍数之比,常用分贝数来表示。不同功能的运放,K_{CMR} 也不相同,有的在 60～70 dB 之间,有的高达 180 dB。K_{CMR} 越大,对共模干扰抑制能力越强。

(9)开环带宽 BW。开环带宽又称 -3 dB 带宽,是指运算放大器的差模电压放大倍数 A_{ud} 在高频段下降 3 dB 所对应的频率 f_H。

(10)单位增益带宽 BWG。单位增益带宽 BWG 是指信号频率增加,使 A_{ud} 下降到 1 时所对应的频率 f_T,即 A_{ud} 为 0 dB 时的信号频率 f_T。它是集成运放的重要参数。741 型运放的 $f_T = 7$ Hz,是比较低的。

运放的供电方式分双电源供电与单电源供电两种。对于双电源供电运放,其输出可在零电压两侧变化,在差动输入电压为零时输出也可置零。采用单电源供电的运放,输出在电源与地之间的某一范围变化。

6.类型

按照集成运算放大器的参数来分,集成运算放大器可分为如下几类。

(1)通用型运算放大器。通用型运算放大器就是以通用为目的而设计的。这类器件的主要特点是价格低廉、产品量大且面广,其性能指标能适合于一般性使用。例 μA741(单运放)、LM358(双运放)、LM324(四运放)及以场效应管为输入级的 LF356 都属于此种。它们是目前

应用最为广泛的集成运算放大器。

(2)高阻型运算放大器。这类集成运算放大器的特点是差模输入阻抗非常高,输入偏置电流非常小,一般 $r_{id}>1G\Omega\sim1T\Omega$,IB 为几皮安到几十皮安。实现这些指标的主要措施是利用场效应管高输入阻抗的特点,用场效应管组成运算放大器的差分输入级。用 FET 作输入级,不仅输入阻抗高,输入偏置电流低,而且具有高速、宽带和低噪声等优点,但输入失调电压较大。常见的集成器件有 LF355,LF347(四运放)及更高输入阻抗的 CA3130,CA3140 等。

(3)低温漂型运算放大器。在精密仪器、弱信号检测等自动控制仪表中,总是希望运算放大器的失调电压要小且不随温度的变化而变化。低温漂型运算放大器就是为此而设计的。

(4)高速型运算放大器。在快速 A/D 和 D/A 转换器、视频放大器中,要求集成运算放大器的转换速率 SR 一定要高,单位增益带宽 BWG 一定要足够大,像通用型集成运放是不能适合于高速应用的场合的。高速型运算放大器主要特点是具有高的转换速率和宽的频率响应。常见的运放有 LM318,μA715 等,其 SR=50~70 V/μs,BWG>20 MHz。

(5)低功耗型运算放大器。由于电子电路集成化的最大优点是能使复杂电路小型轻便,因而随着便携式仪器应用范围的扩大,必须使用低电源电压供电、低功率消耗的运算放大器相适用。常用的运算放大器有 TL-022C,TL-060C 等,其工作电压为 $\pm2\sim\pm18$ V,消耗电流为 50~250 μA。目前有的产品功耗已达微瓦级,例如 ICL7600 的供电电源为 1.5 V,功耗为 10 mW,可采用单节电池供电。

(6)高压大功率型运算放大器。运算放大器的输出电压主要受供电电源的限制。在普通的运算放大器中,输出电压的最大值一般仅几十伏,输出电流仅几十毫安。若要提高输出电压或增大输出电流,集成运放外部必须要加辅助电路。高压大电流集成运算放大器外部不需附加任何电路,即可输出高电压和大电流。例如 D41 集成运放的电源电压可达 ±150 V,μA791 集成运放的输出电流可达 1 A。

(7)可编程控制运算放大器。在仪器仪表的使用过程中都会涉及量程的问题。为了得到固定电压得输出,就必须改变运算放大器得放大倍数。例如,有一运算放大器得放大倍数为 10 倍,输入信号为 1 mV 时,输出电压为 10 mV,当输入电压为 0.1 mV 时,输出就只有 1 mV,为了得到 10 mV 就必须改变放大倍数为 100。程控运放就是为了解决这一问题而产生得,例如 PGA103A,通过控制 1,2 脚的电平来改变放大的倍数。

7. 主要参数

(1)共模输入电阻(R_{INCM})。该参数表示运算放大器工作在线性区时,输入共模电压范围与该范围内偏置电流的变化量之比。

(2)直流共模抑制(C_{MRDC})。该参数用于衡量运算放大器对作用在两个输入端的相同直流信号的抑制能力。

(3)交流共模抑制(C_{MRAC})。C_{MRAC} 用于衡量运算放大器对作用在两个输入端的相同交流信号的抑制能力,是差模开环增益除以共模开环增益的函数。

(4)增益带宽积(G_{BW})。增益带宽积 $A_{OL}\times f$ 是一个常量,定义在开环增益随频率变化的特性曲线中以 -20 dB/十倍频程滚降的区域。

(5)输出阻抗(Z_O)。该参数是指运算放大器工作在线性区时,输出端的内部等效小信号阻抗。

(6)功耗(P_d)。表示器件在给定电源电压下所消耗的静态功率,P_d 通常定义在空载情况下。

(7)电源抑制比(P_{SRR})。该参数用来衡量在电源电压变化时运算放大器保持其输出不变的能力，P_{SRR}通常用电源电压变化时所导致的输入失调电压的变化量表示。

(8)电源电流(I_{CC},I_{DD})。该参数是在指定电源电压下器件消耗的静态电流,这些参数通常定义在空载情况下。

(9)输入电容(C_{IN})。C_{IN}表示运算放大器工作在线性区时任何一个输入端的等效电容(另一输入端接地)。

(10)输入电压范围(V_{IN}),该参数指运算放大器正常工作时,所允许的输入电压的范围,V_{IN}通常定义在指定的电源电压下。

8.常见运放及其型号对照表

LFC2:高增益运算放大器

LFC4:低功耗运算放大器

F003:通用Ⅱ型运算放大器

F004(5G23):中增益运算放大器

F007(5G24):通用Ⅲ型运算放大器

F1550:射频放大器

F1490:宽频带放大器

F741(F007):通用Ⅲ型运算放大器

F741A:通用型运算放大器

F747:双运算放大器

F4741:通用型四运算放大器

F110/210:电压跟随器

F310:电压跟随器

F118/218:高速运算放大器

F318:高速运算放大器

F158/258:单电源双运算放大器

F358:单电源双运算放大器

LF791:单块集成功率运算放大器

LF082:高输入阻抗运送放大器

LFOP37:超低噪声精密放大器

LM148:四 741 运算放大器

LM248/348:四 741 运算放大器

LM381:双前置放大器

CA3080:跨导运算放大器

MC4741:四通用运放

ICL7660:CMOS 电压放大(变换)器

CD4573:四可编程运算放大器 MC14573

LF398:采样保持放大器 NS[DATA]

LM308H:运算放大器(金属封装) NS[DATA]

LM380:音频功率放大器 NS[DATA]

MC34119：小功率音频放大器

NE592：视频放大器

学习任务三　可调电阻

可调电阻的标称值是标准可以调整到最大的电阻的阻值。理论上，可调电阻的阻值可以调整到 0 与标称值以内的任意值上，但因为实际结构与设计精度要求等原因，往往不容易100%达到"任意"要求，只是"基本上"做到在允许的范围内调节，从而来改变阻值。

可调电阻也叫可变电阻(rheostat)，是电阻的一类，其电阻值的大小可以人为调节，以满足电路的需要。可调电阻按照电阻值的大小、调节的范围、调节形式、制作工艺、制作材料、体积大小等等可分为许多不同的型号和类型，分为电子元器件可调电阻、瓷盘可调电阻、贴片可调电阻、线绕可调电阻等。

1.基本功能

可以逐渐地改变和它串联的用电器中的电流，也可以逐渐地改变和它串联的用电器的电压，还可以起到保护用电器的作用。在实验中，它还起到获取多组数值的作用。

可变电阻器由于结构和使用的原因，故障发生率明显高于普通电阻器。可变电阻器通常用于小信号电路中，在电子管放大器等少数场合也使用大信号可变电阻器。

2.器件分类

(1) 滑动变阻器。由电阻丝绕成线圈，通过滑动滑片来改变接入电路的电阻丝长度，从而改变阻值。

滑动变阻器的构成如图 4.19 所示。

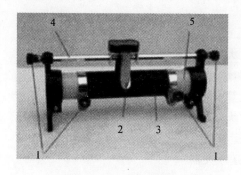

图 4.19　滑动变阻器

1—接线柱；　2—滑片；　3—刷上绝缘漆的电阻丝；　4—金属杆；　5—瓷筒或其他绝缘体制作的筒

连接电路时一般将其串联，且"一上一下"连接，称为限流式接法。

还有一种接法接三个接线柱，"两下一上"连接，成为分压式接法。这种接法会耗费大量电能，除了不得已的情况，一般不用此接法　。

(2)电阻箱。滑动变阻器能够改变连入电路的电阻大小，起到连续改变电流大小的作用，但不能准确知道连入电路的电阻值。如果需要知道连入电路的电阻的阻值，就要用到电阻箱。

电阻箱是一种可以调节电阻大小并且能够显示出电阻阻值的变阻器(见图 4.20)。

它与滑动变阻器比较，滑动变阻器不能表示出连入电路的电阻值，但它可以连续改变接入电路中的电阻。电阻箱能表示出连入电路中的阻值大小，但阻值变化是不连续的，而且没有滑动变阻器值变化准。

图 4.20　电阻箱

（3）电位器。电位器是可调电阻的一种,通常是由电阻体与转动或滑动系统组成,即靠一个动触点在电阻体上移动,获得部分电压输出。

电位器的作用:调节电压(含直流电压与信号电压)和电流的大小。

电位器的结构特点:电位器的电阻体有两个固定端,通过手动调节转轴或滑柄,改变动触点在电阻体上的位置,则改变了动触点与任一个固定端之间的电阻值,从而改变了电压与电流的大小。

（4）电位器种类。电位器是一种可调的电子元件(见图 4.21)。它是由一个电阻体和一个转动或滑动系统组成的。当电阻体的两个固定触点之间外加一个电压时,通过转动或滑动系统改变触点在电阻体上的位置,在动触点与固定触点之间便可得到一个与动触点位置成一定关系的电压。它大多是用作分压器,这时电位器是一个四端元件。电位器基本上就是滑动变阻器。电位器有几种样式(见图 4.21)。一般用在音箱音量开关和激光头功率大小调节的电位器是一种可调的电子元件。它是由一个电阻体和一个转动或滑动系统组成。当电阻体的两个固定触点之间外加一个电压时,用于分压的可变电阻器。在裸露的电阻体上,紧压着 1～2个可移金属触点。触点位置确定电阻体任一端与触点间的阻值。按材料分线绕、炭膜、实心式电位器;按输出与输入电压比与旋转角度的关系分直线式电位器(呈线性关系)、函数电位器(呈曲线关系)。主要参数为阻值、容差、额定功率。其广泛用于电子设备,在音箱和接收机中作音量控制用,所以可调电阻在生活中也是能常常用到的。

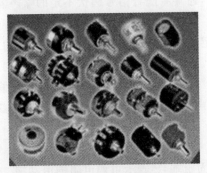

图 4.21　电位器

（5）对比比较。虽然电位器的基本结构与可变电阻器基本一样,但是在许多方面也存在着

不同,主要有以下几点:

1)电位器动作操作方式不同,电位器设有操作柄。

2)电位器电阻体的阻值分布特性与可变电阻器的分布特性不同,各种输出函数特性的电位器器电阻体的分布特性均不同。

3)电位器有多联的,而可变电阻器没有。

4)电位器的体积大,结构牢固,寿命长。

3. 技术参数

(1)标称阻值。可变电阻器的标称阻值是它两根固定引脚之间的阻值。为了便于生产,同时考虑的能够满足实际使用的需要,国家规定了一系列数值作为产品的标准,这一系列值就是电阻的标称系列值。

(2)额定功率。额定功率是指正常工作时可承受的功率,其值为可变电阻两端的额定电压乘以额定电流,若工作功率大于其额定功率,则有可能会造成器件的损坏。

4. 标注方式

(1)可变电阻器采用直标法表示标称阻值,即直接将标称阻值标注在可变电阻器上。在大电流应用的场合,可变电阻器还同时标注出额定功率参数。此外小型可变电阻器的标注阻值采用 3 位数表示方法,这与电阻器的标注方法一样。

(2)小信号电路中应用的可变电阻器,一般只关心它的标称阻值,对功率无要求。

5. 可调电阻的特性参数

(1)符合度。符合度又叫符合性,它是指可调电阻的实际输出函数特性和所要求的理论函数特性之间的符合程度。它用实际特性和理论特性之间的最大偏差对外加总电压的百分数表示,可以代表可调电阻的精度。

(2)分辨力。分辨力取决于可调电阻的理论精度。对于线绕可调电阻和线性可调电阻来说,分辨力是用动触点在绕组上每移动一匝所引起的电阻变化量与总电阻的百分比表示。对于具有函数特性的可调电阻来说,由于绕组上每一匝的电阻不同,故分辨力是个变量。此时,可调电阻的分辨力一般是指函数特性曲线上斜率最大一段的平均分辨力。

(3)滑动噪声。滑动噪声是可调电阻特有的噪声。在改变电阻值时,由于可调电阻的电阻分配不当、转动系统配合不当以及可调电阻存在接触电阻等原因,会使动触点在电阻体表面移动时,输出端除有有用信号外,还伴有随着信号起伏不定的噪声。

(4)可调电阻的机械寿命。可调电阻的机械寿命也称磨损寿命,常用机械耐久性表示。机械耐久性是指可调电阻在规定的试验条件下,动触点可靠运动的总次数,常用“周”表示。机械寿命与可调电阻的种类、结构、材料及制作工艺有关,差异相当大。

除了上述的特性参数外,可调电阻还有额定功率、阻值允许偏差、最大工作电压、额定工作电压、绝缘电压、温度参数、噪声电动势及高频特性等参数,这些参数的意义与电阻器相应特性参数的意义相同。

6. 可调电阻的测试方法

用 A,B 表示可调电阻的固定端,P 表示可调电阻的滑动端。调节 P 的位置可以改变 A,P 或者 P,B 之间的阻值,但是不管怎么调节,结果应该遵循:$R_{AB} = R_{AP} + R_{PB}$。可调电阻在使用过程中,由于旋转频繁而容易发生故障。这种故障表现为噪声和声音时大时小、电源开关失灵等,可用万用表来检查电位的质量。

(1)测量可调电阻 A,B 端的总电阻是否符合标称值。把表笔分别接在 A,B 之间,看万用表读数是否与标称值一致。

(2)检测可调电阻的活动臂与电阻片的接触是否良好。用万用表的欧姆挡测 A,P 或者 P,B 两端,慢慢转动可调电阻,阻值应连续变大或变小,若有阻值跳动,则说明活动触点有接触不良的故障。

(3)测量开关可调电阻的好坏。对带有开关的可调电阻,检查时可用数字万用表测二极管挡通过测"开关"两焊片间的通断情况来判断其是否正常。若在"开关"闭合时,数字万用表发出响声,则说明内部开关触点接触不良;若在"开关"打开时,数字万用表没有发出响声,则说明内部开关失控。

(4)检查外壳与引脚的绝缘性。将数字万用表一表笔接可调电阻外壳,另一表笔逐个接触每一个引脚,阻值均应为无穷大;否则,说明外壳与引脚间绝缘不良。

7.可调电阻的使用注意事项

(1)用前应先对可调电阻的质量进行检查。可调电阻的轴柄应转动灵活、松紧适当,无机械杂声。用万用表检查标称电阻值,应符合要求。若用万用表测量可调电阻固定端与滑动端接线片间的电阻值,在缓慢旋转可调电阻旋柄轴时,表针应平稳转动、无跳跃现象。

(2)由于可调电阻的一些零件是用聚碳酸酯等合成树脂制成的,所以不要在含有氨、胺、碱溶液和芳香族碳氢化合物、酮类、卤化碳氢化合物等化学物品浓度大的环境中使用,以延长可调电阻的使用寿命。

(3)对于有接地焊片的可调电阻,其焊片必须接地,以防外界干扰。

(4)可调电阻不要超负载使用,要在额定值内使用。当可调电阻作变阻器调节电流使用时,允许功耗应与动触点接触电刷的行程成比例地减少,以保证流过的电流不超过可调电阻允许的额定值,防止可调电阻由于局部过载而失效。为防止可调电阻阻值调整接近零时的电流超过允许的最大值,最好串接一限流电阻,以避免可调电阻过流而损坏。

(5)电流流过高阻值可调电阻时产生的电压降,不得超过可调电阻所允许的最大工作电压。

(6)为防止可调电阻的接点、导电层变质或烧毁,小阻值可调电阻的工作电流不得超过接点允许的最大电流。

(7)可调电阻在安装时必须牢固可靠,应紧固的螺母应用足够的力矩拧紧到位,以防长期使用过程中发生松动变位,与其他元件相碰而引发电路故障。

(8)各种微调可调电阻可直接在印制电路板上安装,但应注意相邻元件的排列,以保证可调电阻调节方便而又不影响相邻元件。

(9)非密封的可调电阻最容易出现噪声大的故障,这主要是由于油污及磨损造成的。此时千万不能用涂润滑油的方法来解决这一问题,涂润滑油反而会加重内部灰尘和导电微粒的聚集。正确的处理方法是,用蘸有无水酒精的棉球轻拭电阻片上的污垢,并清除接触电刷与引出簧片上的油渍。

(10)可调电阻严重损坏时需要更换新可调电阻,这时最好选用型号和阻值与原可调电阻相同的可调电阻,还应注意可调电阻的轴长及轴端形状应与原旋钮相匹配。如果万一找不到原型号、原阻值的可调电阻,可用相似阻值和型号的可调电阻代换。代换的可调电阻阻值允许增值变化 20%～－30%,代换可调电阻的额定功率一般不得小于原可调电阻的额定功率。除此之外,代换的可调电阻还应满足电路及使用中的要求。

实训任务：用电位器、光敏电阻、2 个 10 kΩ/0.125 W 电阻、741 运放装配比较判别电路并写出实训报告。

天津中德应用技术大学实验实训报告

系部		班级		姓名		学号	
日期		实训地点		指导教师		成绩	
课程名称							
实验实训项目名称							
实验实训目的							
实验实训内容							
实验实训步骤							
实验实训使用的主要设备或仪器							
实验实训结果	（标明实验实训的过程数据、结果形式和测量结果数据）						
个人收获							
指导教师意见	指导教师签字　　　　　　年　　月　　日						

天津中德应用技术大学教务处制

（注：请各教学系部统一存档）

学习情境三　放大驱动电路

放大驱动电路如图 4.22 所示。当 6 点电位是高时，三极管 BC177 截止、继电器线圈中没有电流，继电器常闭开关闭合；当 6 点电位是低时，三极管 BC177 导通、继电器线圈中有电流，继电器常开开关闭合，驱动电路开始工作。继电器简单工作原理如图 4.23 所示。

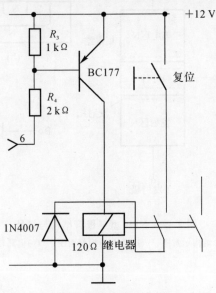

图 4.22　放大驱动电路

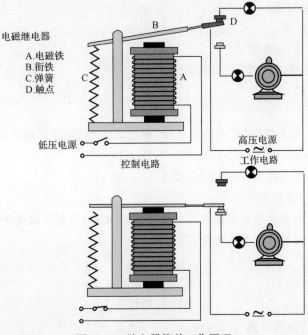

图 4.23　继电器简单工作原理

学习任务一　晶体三极管

1.晶体三极管（transistor）

利用特殊工艺将两个 PN 结结合在一起，就构成了双极型三极管（见图4.24）。

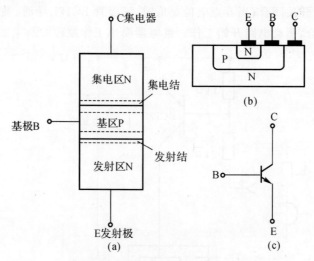

图 4.24　NPN 型三极管结构与符号

(a)结构示意图；　(b)管芯结构剖面图；　(c)电路符号

（1）结构和符号：

结构特点：e 区掺杂浓度最高；b 区薄，掺杂浓度最底；c 区面积最大。

（2）分类：

构成材料：硅管、锗管；

结构：PNP，NPN 管；

使用频率：低频管、高频管；

功率：小功率管、中功率管、大功率管。

（3）电流放大原理：

放大条件：

外部条件：发射结（e 结）加正向偏置电压，集电结（c 结）加反向偏置电压。

电位条件：NPN 型：$V_c > V_b > V_e$；PNP 型：$V_c < V_b < V_e$。

偏置电压数值：U_{BE}：硅 0.5～0.8 V，锗 0.1～0.3 V。

$U_{CE} = U_{CB} + U_{BE}$，几伏至十几伏。

（4）三极管各极电流之间的分配关系。当管子制成后，发射区载流子浓度、基区宽度、集电结面积等确定，故电流的比例关系确定，即

$$I_E = I_C + I_B$$
$$I_C = \beta I_B + I_{CEO}$$
$$I_E = (1 + \beta) I_B + I_{CEO}$$

2.晶体三极管的特性曲线

（1）输入特性曲线。由图 4.25(a)所示输入回路可写出三极管的输入特性的函数式为 $i_B =$

$f(u_{BE})$，u_{CE}为常数。实测的某 NPN 型硅三极管的输入特性曲线如图 4.25(b)所示，由图可见曲线形状与二极管的伏安特性相类似，不过，它与 u_{CE} 有关，$u_{CE}=1$ V 的输入特性曲线比 $u_{CE}=0$ V 的曲线向右移动了一段距离，即 u_{CE} 增大曲线向右移，但当 $u_{CE}>1$ V 后，曲线右移距离很小，可以近似认为与 $u_{CE}=1$ V 时的曲线重合，所以图 4.25(b)中只画出两条曲线，在实际使用中，u_{CE} 总是大于 1 V 的。由图 4.25(b)可见，只有 u_{BE} 大于 0.5 V（该电压称为死区电压）后，i_B 才随 u_{BE} 的增大迅速增大，正常工作时管压降 u_{BE} 约为 $0.6\sim0.8$ V，通常取 0.7 V，称之为导通电压 $u_{BE(on)}$。对锗管，死区电压约为 0.1 V，正常工作时管压降 u_{BE} 的值约为 $0.2\sim0.3$ V，导通电压 $u_{BE(on)}\approx0.2$ V。

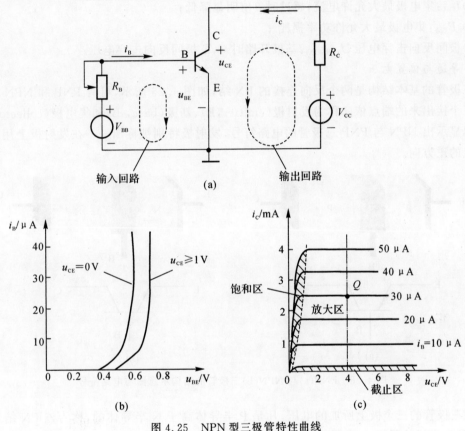

图 4.25　NPN 型三极管特性曲线

(a)电路；　(b)输入特性曲线；　(c)输出特性曲线

(2)输出特性曲线。输出回路的输出特性方程为：$i_C=f(u_{CE})$，$i_B=$ 常数；晶体三极管的输出特性曲线分为截止、饱和和放大三个区，每区各有其特点：

1)截止区：$I_B\leqslant0$，$I_C=I_{CEO}\approx0$，此时两个 PN 结均反向偏置。

2)放大区：$I_C=\beta I_B+I_{CEO}$，此时发射结正向偏置，集电结反向偏置，特性曲线比较平坦且等间距。I_C 受 I_B 控制，I_B 一定时，I_C 不随 U_{CE} 而变化。

3)饱和区：$u_{CE}<u_{BE}$，$u_{CB}=u_{CE}-u_{BE}<0$，此时两个 PN 结均正向偏置，I_C 不受 I_B 控制，失去放大作用。曲线上升部分 u_{CE} 很小，$u_{CE}=u_{BE}$ 时，达到临界饱和，深度饱和时，硅管 $U_{CE(SAT)}=0.3$ V，锗管 $U_{CE(SAT)}=0.1$ V。

（3）温度对特性曲线的影响。温度升高,输入特性曲线向左移。温度每升高 1℃,U_{BE} 为 $(2 \sim 2.5)$ mV。温度每升高 10℃,I_{CBO} 约增大 1 倍。

温度升高,输出特性曲线向上移。温度每升高 1℃,电流 I_b 增大 $(0.5 \sim 1)\%$。输出特性曲线间距增大。

3.晶体三极管的主要参数

（1）电流放大系数。共发射极电流放大系数:

β 为直流（交流）电流放大系数 $\beta = I_C / I_B (\beta = \Delta i_C / \Delta i_B)$。

（2）极限参数:

1）I_{CM}:集电极最大允许电流,超过时 β 值明显降低;

2）P_{CM}:集电极最大允许功率损耗;

3）极间反向击穿电压 $U_{(BR)CEO}$:基极开路时 C,E 极间反向击穿电压。

4.导通与偏置电压

三极管的基本结构是两个反向连接的 PN 结,如图 4.26 所示,可有 PNP 和 NPN 两种组合。三个接出来的端点依序称为发射极（emitter,E）、基极（base,B）和集电极（collector,C）,图中也显示出 NPN 与 PNP 三极管的电路符号,发射极特别被标出——在发射极上用箭头指向电流的正方向。

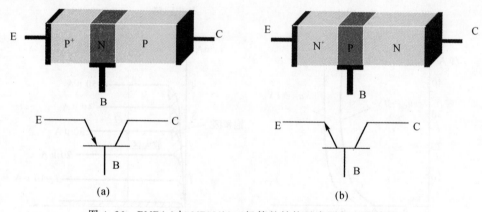

图 4.26　PNP(a)与 NPN(b)三极管的结构示意图与电路符号

在三极管的三个极上所加的电压,凡是 P 半导体高于 N 半导体的,称为该 PN 结正向偏压;凡是 P 半导体低于 N 半导体的,称为该 PN 结反向偏压。图 4.27 所示为一个 PNP 三极管,P 端是集电极,P+是发射极,PN 之间的 PN 结加的是反向偏压,又叫反向偏置;P＋N 之间的 PN 结加的是正向偏压,又叫正向偏置。PNP 型三极管欲进行工作（即导通）,就必须采取上述偏置,即发射结正向偏置同时集电结反向偏置。

三极管导通就是三极管的三个极中有电流流过,三极管截止就是三极管的三个极中没有电流流过。

5. BC177 系列三极管

BC177 是小功率 PNP 三极管。表 4.2 为 BC177 系列三极管参数表。

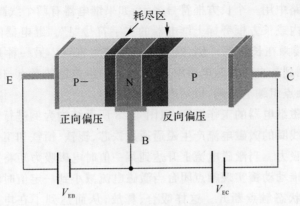

图 4.27　PNP 型三极管的偏置

表 4.2　BC177 系列三极管参数表

型号	材料	极性	功耗	集极-基极电压 V_{CB}	集极-射极电压 V_{CE}	射极-基极电压 V_{EB}	最大集电极电流 I_{Cmax}	特征频率 f_T	放大系数 h_{FE}	外形封装
BC177	Si	pnp	300 mW	45 V	45 V	5 V	100 mA	130 MHz	70MIN	TO18
BC177A	Si	pnp	300 mW	45 V	45 V	5 V	100 mA	130 MHz	120MIN	TO18
BC177AP	Si	pnp	300 mW	45 V	45 V	5 V	100 mA	130 MHz	120MIN	TO92
BC177B	Si	pnp	300 mW	45 V	45 V	5 V	100 mA	130 MHz	180MIN	TO18
BC177BP	Si	pnp	300 mW	45 V	45 V	5 V	100 mA	130 MHz	180MIN	TO92
BC177C	Si	pnp	300 mW	45 V	45 V	5 V	100 mA	100 MHz	380MIN	TO18
BC177P	Si	pnp	300 mW	45 V	45 V	5 V	100 mA	130 MHz	70MIN	TO92
BC177V	Si	pnp	300 mW	45 V	45 V	5 V	100 mA	130 MHz	50/100	TO92

学习任务二　继电器

继电器(relay)是一种电控制器件,是当输入量(激励量)的变化达到规定要求时,在电气输出电路中使被控量发生预定的阶跃变化的一种电器。它具有控制系统(又称输入回路)和被控制系统(又称输出回路)之间的互动关系。通常应用于自动化的控制电路中,它实际上是用小电流去控制大电流运作的一种"自动开关",故在电路中起着自动调节、安全保护、转换电路等作用。

继电器是具有隔离功能的自动开关元件,广泛应用于遥控、遥测、通信、自动控制、机电一体化及电力电子设备中,是最重要的控制元件之一。

1.继电器符号、原理

因为继电器是由线圈和触点组两部分组成的,所以继电器在电路图中的图形符号也包括两部分:一个长方框表示线圈;一组触点符号表示触点组合。当触点不多电路比较简单时,往往把触点组直接画在线圈框的一侧,这种画法叫集中表示法。

　　继电器线圈在电路中用一个长方框符号表示,如果继电器有两个线圈,就画两个并列的长方框。同时在长方框内或长方框旁标上继电器的文字符号"J"。继电器的触点有两种表示方法:一种是把它们直接画在长方框一侧,这种表示法较为直观。另一种是按照电路连接的需要,把各个触点分别画到各自的控制电路中,通常在同一继电器的触点与线圈旁分别标注上相同的文字符号,并将触点组编上号码,以示区别。

　　现在介绍通用电磁继电器的工作原理,以图 4.28 所示结构为例进行说明。当线圈引出脚两端加上电压或电流线圈的激磁电流产生磁通过铁芯、轭铁、衔铁和工作气隙组成的磁路并在工作气隙产生电磁吸力。当激磁电流上升达到某一值时电磁吸力矩将克服动簧的反力矩使衔铁转动带动推动片推动动簧实现触点闭合当激磁电流减小到一定值时动簧反力矩大于电磁吸力矩衔铁回到初始状态触点断开。这样吸合、释放,从而达到了在电路中的导通、切断的目的。

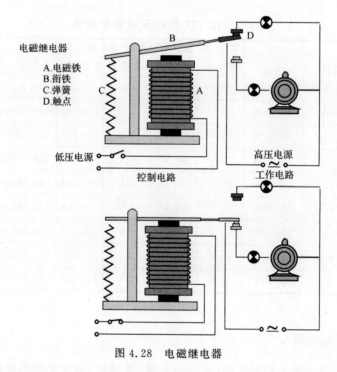

图 4.28　电磁继电器

　　对于继电器的"常开、常闭"触点,可以这样来区分:继电器线圈未通电时处于断开状态的静触点,称为"常开触点";处于接通状态的静触点称为"常闭触点"(见图 4.29)。继电器一般有两股电路,为低压控制电路和高压工作电路。

图 4.29　继电器电路符号

2.继电器分类

由于继电器在实际生产中用途非常广泛,所以继电器的种类也就非常繁多。鉴于继电器的重要性,花些时间对继电器做比较深入的了解是必要的。

(1)按工作原理分类。

1)电磁继电器。电磁继电器一般由铁芯、线圈、衔铁、触点簧片等组成的。

2)固态继电器。固态继电器是一种两个接线端为输入端,另两个接线端为输出端的四端器件,中间采用隔离器件实现输入输出的电隔离。

固态继电器按负载电源类型可分为交流型和直流型;按开关形式可分为常开型和常闭型;按隔离形式可分为混合型、变压器隔离型和光电隔离型,以光电隔离型为最多。

3)热敏干簧继电器。热敏干簧继电器是一种利用热敏磁性材料检测和控制温度的新型热敏开关。它由感温磁环、恒磁环、干簧管、导热安装片、塑料衬底及其他一些附件组成。热敏干簧继电器不用线圈励磁,而由恒磁环产生的磁力驱动开关动作。恒磁环能否向干簧管提供磁力是由感温磁环的温控特性决定的。

4)磁簧继电器。磁簧继电器(见图4.30)是以线圈产生磁场将磁簧管作动之继电器,为一种线圈传感装置。因此磁簧继电器之特征、小型尺寸、轻量、反应速度快、短跳动时间等特性。

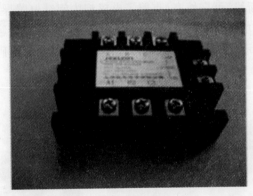

图4.30 磁簧继电器

当整块铁磁金属或者其他导磁物质与之靠近的时候,发生动作,开通或者闭合电路,由永久磁铁和干簧管组成。永久磁铁、干簧管固定在一个不导磁也不带有磁性的支架上。以永久磁铁的南北极的连线为轴线,这个轴线应该与干簧管的轴线重合或者基本重合。由远及近的调整永久磁铁与干簧管之间的距离,当干簧管刚好发生动作(对于常开的干簧管,变为闭合;对于常闭的干簧管,变为断开)时,将磁铁的位置固定下来。这时,当有整块导磁材料,例如铁板同时靠近磁铁和干簧管时,干簧管会再次发生动作,恢复到没有磁场作用时的状态;当该铁板离开时,干簧管即发生相反方向的动作。磁簧继电器结构坚固,触点为密封状态,耐用性高,可以作为机械设备的位置限制开关,也可以用以探测铁制门、窗等是否在指定位置。

5)光继电器。光继电器为AC/DC并用的半导体继电器,指发光器件和受光器件一体化的器件。输入侧和输出侧电气性绝缘,但信号可以通过光信号传输。其特点为寿命为半永久性、微小电流驱动信号、高阻抗绝缘耐压、超小型、光传输、无接点等。主要应用于量测设备、通信设备、保全设备、医疗设备等。

6)时间继电器。时间继电器(见图4.31)是一种利用电磁原理或机械原理实现延时控制的控制电器。它的种类很多,有空气阻尼型、电动型和电子型等。

在交流电路中常采用空气阻尼型时间继电器,它是利用空气通过小孔节流的原理来获得延时动作的。它由电磁系统、延时机构和触点三部分组成。时间继电器可分为通电延时型和断电延时型两种类型。

空气阻尼型时间继电器的延时范围大(有 0.4~60 s 和 0.4~180 s 两种),它结构简单,但准确度较低。

当线圈通电(电压规格有 AC380V,AC220V 或 DC220V、DC24V 等)时,衔铁及托板被铁芯吸引而瞬时下移,使瞬时动作触点接通或断开。但是活塞杆和杠杆不能同时跟着衔铁一起下落,因为活塞杆的上端连着气室中的橡皮膜,当活塞杆在释放弹簧的作用下开始向下运动时,橡皮膜随之向下凹,上面空气室的空气变得稀薄而使活塞杆受到阻尼作用而缓慢下降。经过一定时间,活塞杆下降到一定位置,便通过杠杆推动延时触点动作,使动断触点断开,动合触点闭合。从线圈通电到延时触点完成动作,这段时间就是继电器的延时时间。延时时间的长短可以用螺钉调节空气室进气孔的大小来改变。吸引线圈断电后,继电器依靠恢复弹簧的作用而复原。空气经出气孔被迅速排出。

7)中间继电器。中间继电器(见图 4.32)采用线圈电压较低的多个优质密封小型继电器组合而成,防潮、防尘、不断线,可靠性高,克服了电磁型中间继电器导线过细易断线的缺点;功耗小,温升低,不需外附大功率电阻,可任意安装及接线方便;继电器触点容量大,工作寿命长;继电器动作后有发光管指示,便于现场观察;延时只需用面板上的拨码开关整定,延时精度高,延时范围可在 0.02~5.00 s 任意整定。

图 4.31 时间继电器

图 4.32 中间继电器

8)中间继电器原理。线圈通电,动铁芯在电磁力作用下动作吸合,带动动触点动作,使常闭触点分开,常开触点闭合;线圈断电,动铁芯在弹簧的作用下带动动触点复位,继电器的工作原理是当某一输入量(如电压、电流、温度、速度、压力等)达到预定数值时,使它动作,以改变控制电路的工作状态,从而实现既定的控制或保护的目的。在此过程中,继电器主要起了传递信号的作用。

中间继电器的分类:低电流启动中间继电器、静态中间继电器、延时中间继电器、电磁型中间继电器、电梯用中间继电器、导轨式中间继电器。中间继电器的作用:一般的电路常分成主电路和控制电路两部分,继电器主要用于控制电路,接触器主要用于主电路;通过继电器可实现用一路控制信号控制另一路或几路信号的功能,完成启动、停止、联动等控制,主要控制对象是接触器;接触器的触头比较大,承载能力强,通过它来实现弱电到强电的控制,控制对象是电器。

a.代替小型接触器。中间继电器的触点具有一定的带负荷能力,当负载容量比较小时,可以用来替代小型接触器使用,比如电动卷闸门和一些小家电的控制。这样的优点是不仅可以起到控制的目的,而且可以节省空间,使电器的控制部分做得比较精致。

b.增加接点数量。这是中间继电器最常见的用法,例如,在电路控制系统中一个接触器的接点需要控制多个接触器或其他元件时而是在线路中增加一个中间继电器。

c.增加接点容量。我们知道,中间继电器的接点容量虽然不是很大,但也具有一定的带负载能力,同时其驱动所需要的电流又很小,因此可以用中间继电器来扩大接点容量。比如一般不能直接用感应开关、三极管的输出去控制负载比较大的电器元件,而是在控制线路中使用中间继电器,通过中间继电器来控制其他负载,达到扩大控制容量的目的。

d.转换接点类型。在工业控制线路中,常常会出现这样的情况,控制要求需要使用接触器的常闭接点才能达到控制目的,但是接触器本身所带的常闭接点已经用完,无法完成控制任务。这时可以将一个中间继电器与原来的接触器线圈并联,用中间继电器的常闭接点去控制相应的元件,转换一下接点类型,达到所需要的控制目的。

e.用作开关。在一些控制线路中,一些电器元件的通断常常使用中间继电器,用其接点的开闭来控制,例如彩电或显示器中常见的自动消磁电路,三极管控制中间继电器的通断,从而达到控制消磁线圈通断的作用。

9)功率方向继电器。当输入量(如电压、电流、温度等)达到规定值时,使被控制的输出电路导通或断开的电器。可分为电气量(如电流、电压、频率、功率等)继电器及非电气量(如温度、压力、速度等)继电器两大类。它具有动作快、工作稳定、使用寿命长、体积小等优点,广泛应用于电力保护、自动化、运动、遥控、测量和通信等装置中。

(2)按功能分类。

1)过电流继电器。过电流继电器,简称 CO,是从电流超过其设定值而动作的继电器,可做系统线路及过载的保护用,最常用的是感应型过电流继电器,是利用电磁铁与铝或铜制的旋转盘相对,依靠电磁感应原理使旋转圆盘转动,以达到保护作用。

动作原理:感应型过电流继电器是利用电流互感器二次侧电流,在继电器内产生磁场,以促使圆盘转动,但流过的电流必须大于电流标置板的电流值才能转动。

2)过电压继电器。过电压继电器,简称 OV,它的主要用途在于当系统的异常电压上升至 120%额定值以上时,过电压继电器动作而使断路器跳脱保护电力设备免遭损坏,感应式过电压继电器的构造及动作原理和过电流继电器相似,只有主线圈不同。

3)欠电压继电器。欠电压继电器,简称 UV,其构造与过电压继电器相同,所不同的是内部触头及当外加电压时转盘会立即转动。

4)接地过电压继电器。接地过电压继电器,简称 OVG,或称接地报警继电器简称 GR,其构造与过电压继电器相同,使用与三相三线非接地系统,接于开口三角形接地的接地互感器上,用以检知零相电压。

5)接地过电流继电器。接地过电流继电器,简称 GCR,是一种高压线路接地保护继电器。

主要用途:①高电阻接地系统的接地过电流保护;②发电机定子绕组的接地保护;③分相发电机的层间短路保护;④接地变压器的过热保护。

6)选择性接地继电器。选择性接地继电器,简称 SG,又称方向性接地继电器,简称 DG,使用于非接地系统作配电线路保护作用,架空线及电缆系统也能使用。

选择性接地继电器:由接地电压互感器检出零相序电流如遇线路接地时,选择性接地继电器能确实地表示故障线路而发生警报,并按照其需要选择故障线路将其断开,而继续向正常线路送电。

7)缺相继电器。缺相继电器,简称 OPR,或缺相保护继电器,简称 PHR,在三相线路中,当电源端有一线断路而造成单相时,若未有立即将线路切断,将使电动机单相运转而烧毁。

比率差动继电器。比率差动继电器,简称 RDR,被应用做变压器交流电动机,交流发电机的差动保护,以往使用过的过电流保护继电器,是外部故障所产生的异常电流流过保护设备时,若变压器,一、二次侧电流发生不平衡或对电流互感器特性发生不一致,在这些情况下,此现象会扩延数倍,而使继电器误动作。

3. 继电器的应用

(1)选用条件。

1)先了解必要的条件:控制电路的电源电压,能提供的最大电流;被控制电路中的电压和电流;被控电路需要几组、什么形式的触点。选用继电器时,一般控制电路的电源电压可作为选用的依据。控制电路应能给继电器提供足够的工作电流,否则继电器吸合是不稳定的。

2)查阅有关资料确定使用条件后,可查找相关资料,找出需要的继电器的型号和规格号。若手头已有继电器,可依据资料核对是否可以利用。最后考虑尺寸是否合适。

3)注意器具的容积。若是用于一般用电器,除考虑机箱容积外,小型继电器主要考虑电路板安装布局。对于小型电器,如玩具、遥控装置则应选用超小型继电器产品。

(2)考虑外形、安装方式、安装脚位。继电器的外形、安装方式、安装脚位形式很多运用时必须按整机的具体要求考虑继电器高度和安装面积、安装方式、安装脚位等。这是选择继电器首先要考虑的问题,一般采用以下原则:

1)满足同样负载要求的产品具有不同的外形尺寸,根据所允许的安装空间可选用低高度或小安装面积的产品。但体积小的产品有时在触点负载能力、灵敏度方面会受到一定限制。

2)继电器的安装方式有 PC 板、快速连接式、法兰安装式、插座安装式等其中快速连接式继电器的连接片可以是 187♯ 或 250♯。对体积小、不经常更换的继电器一般选用 PC 板式。对经常更换的继电器选用插座安装式。对主回路电流超过 20A 的继电器选用线速连接式防止大电流通过线路板造成线路发热损坏。对体积大的继电器可选用法兰安装式防止冲击、振动条件下安装脚损坏。

3)安装脚位一般考虑线路板布线的方便强弱电之间的隔离。特别应考虑安装脚位的通用性。有些公司的产品在设计风格上较为独特,所以脚位很特别,这样的产品大部分是为特定用户设计,其他生产厂因考虑市场问题不愿开发选用后供货较难。

(3)安全要求。继电器安全要求使用时考虑以下参数:

1)绝缘材料。产品使用的绝缘材料应具有良好的阻燃性能及足够的耐温性能,一般要求满足 94 V－0 级阻燃,长期使用温度应达到 120℃。

2)绝缘抗电水平。继电器的耐压分为触点间耐压、触点线圈间耐压、触点组间耐压。选择时应根据线路各部分不同的要求确定是否满足要求。继电器的各部分间的绝缘电阻一般为同一个值典型值是 100 MΩ。

3)为防止触电及火灾,继电器产品必须符合有关国家的安全规定。

4．继电器故障查找

(1)继电器测试方法。

1)测线圈电阻:可用万能表 R×10Ω 挡测量继电器线圈的阻值,从而判断该线圈是否存在着开路现象。继电器线圈的阻值和它的工作电压及工作电流有非常密切的关系,通过线圈的阻值可以计算出它的使用电压及工作电流。

2)测触点电阻:用万能表的电阻挡,测量常闭触点与动点电阻,其阻值应为 0;而常开触点与动点的阻值就为无穷大。由此可以区别出那个是常闭触点,那个是常开触点。

3)测量吸合电压和吸合电流:找来可调稳压电源和电流表,给继电器输入一组电压,且在供电回路中串入电流表进行监测。慢慢调高电源电压,听到继电器吸合声时,记下该吸合电压和吸合电流。为求准确,可以试多几次而求平均值。测量释放电压和释放电流:也是像上述那样连接测试,当继电器发生吸合后,再逐渐降低供电电压,当听到继电器再次发生释放声音时,记下此时的电压和电流,亦可尝试多几次而取得平均的释放电压和释放电流。一般情况下,继电器的释放电压约在吸合电压的 10%～50%,如果释放电压太小(小于 1/10 的吸合电压)时则不能正常使用了,这样会对电路的稳定性造成威胁使工作不可靠。

(2)电磁继电器主要参数检测。

1)吸合值、释放值。继电器的不吸动值、吸合值、保持值、释放值测试按测试程序图进行。该测试程序为生产单位和使用单位共同遵守的统一方法,其最大优点是测试的参数重复性好,它并不表示实际使用中的继电器,要先磁化后工作。

按一般要求,交流继电器的吸合电压不大于其额定电压的 85%,直流继电器的吸合电压不大于其额定电压的 75%,有的为 80%。保持电压,直流继电器通常为 30%～40%额定电压,交流继电器保持电压要大些。直流继电器的释放电压通常不小于 10%,额定电压有的为 5%。交流继电器的释放电压通常为 30%左右额定电压,极限低温不小于 10%的额定电压。

2)线圈电阻。线圈电阻的测量可用电压、电流法和电桥法。用电压、电流法测量时应尽量避免或减小电压表、电流表内阻的影响,测试过程要尽量短,以避免线圈温升。线圈电阻对测量时的环境温度比较敏感,所以测试前 1～2 h 内产品要置于要测试的环境下,并最好不对线圈施加激励。测试数值 R_a 应换算成基准温度(一般为 20℃下的值),换算公式为

$$R_a = R_0[1 + a(T_a - 20)]$$

式中,T_a 为环境温度,℃;a 为电阻温度系数,铜导线的温度系数是 0.004/℃。

3)接触电阻。测量动断触点接触电阻时,继电器处于不激励状态;测量动合触点接触电阻时,继电器处于额定激励状态。按触电阻的测量采用电压电流表法。测试部位在引出端离其根部 4 mm 之内。负载应在触点达稳定闭合之后施加触点断开之前切除。

(3)继电器国标规定测量参数。电阻或压降的负载大小见表 4.3。

表 4.3　电阻或压降的负载大小

应用类别	参数值	测试负载（阻性）
CA0	≤30 mV,≤10 mA	10 mA×30 mV
CA1	30 mV～60 V,0.01～0.1 A	10 mA×100 mV
CA2	5～250 V,0.1～1.0 A	100 mA×24 mV
CA3	5～600 V,0.1～100 A	1 A×24 V

注：含多种应用类别时应以最低应用类别的要求为准。

1）绝缘性能。继电器绝缘电阻的测试一般都使用兆欧表，被测继电器应置于优质绝缘板上，测试电压应符合各种产品技术要求规定，一般加电压 2 s 之后的最小值即为被测。介质耐压测试时在最高电压 110％额定电压下保持 1～5 s，有争议时应以额定电压保持 1 min 为准。

2）时间参数。时间参数的测量可以用其他合适的电子仪器、仪表代替，但触点负载应为阻性测动作、释放及回跳时间用 10 mA×6 V（阻性负载），测稳定时间负载为 50 μA×50 mV（阻性负载）。仪器的分辨率为 1 μs。测量动作时间应以额定工作电压的下限激励测量释放时间及额定工作电压的上限切除。

3）外形尺寸。外形尺寸检查的依据是外形图。测量引出端位置尺寸时，应在距底板 3 mm 范围内测量，测量时所施外力不得造成继电器的任何损伤。若无特殊规定，第 1～5 条测量均在正常气候条件下进行，温度 15～35℃，相对湿度 45％～75％，大气压力 86.7～106.7 kPa。

（4）继电器故障判断。

继电器故障类型及判断见表 4.4～表 4.6。

表 4.4　继电器接触部分失效

序　号	失效原因	预防措施
1	漆包线存在质量问题，铜线断裂	选定可靠供应商按要求对漆包线进行检验
2	漆包线松弛量不够，一般在引出脚压弯处断裂	在线圈绕制时保证有一定松弛量
3	生产过程中受外力作用断裂	生产过程中加强管理防止线圈受利器损害
4	沾锡温造成铜线发脆、断裂，不合理的沾锡温度在断裂处有发黑现象	定时检测
5	沾锡温度过低造成虚焊引起线圈不导通虚焊处有明显漆层未溶化现象	规定合理的沾锡温度并定明检测
6	线圈—簧片间高压击穿引起漆包线断裂一般发生在靠近轭铁处	在产品设计时对耐压参数留有合理余量绕线时避免线圈散圈

表 4.5　触点不导通

序　号	失效原因	预防措施
1	触点表面有粉尘塑料屑等颗粒附着造成接触不良	零件生产时对塑料毛边清理干净,塑件预先水洗,成品装配中设置静电吹气工序
2	运输过程中产生受较大的振动、冲击引起机械参数的变化直至衔铁吸合后触点不导通	进行合理的产品包装
3	机构动作不灵活或施加在线圈上的电压过低造成继电器不动作或动作不到位引起触点不导通	在产品设计、零件生产时加强机构可靠性分析

表 4.6　绝缘电阻或耐压低

序　号	失效原因	预防措施
1	当继电器中的塑料吸收水分、密封胶水未干会引起绝缘电阻、耐压失效一般烘干后就变正常	产品生产时应保证塑料件的干燥,产品设计时留有合理的参数余量
2	继电器底座沾有松香、醇性助焊剂及其他的电解质溶液会造成绝缘电阻、耐压下降一般经酒精清洗后就变正常	产品沾锡时减少助焊剂用量
3	线圈绕制过满或导体间距离太小时会引起耐压击穿	在产品设计时对耐压参数留有合理余数,绕线时避免线圈散圈

5. 继电器型号标识

一般国产继电器的型号命名由四部分组成:第一部分+第二部分+第三部分+第四部分。

继电器型号第一部分用字母表示继电器的主称类型。

JR——小功率继电器

JZ——中功率继电器

JQ——大功率继电器

JC——磁电式继电器

JU——热继电器或温度继电度

JT——特种继电器

JM——脉冲继电器

JS——时间继电器

JAG——干簧式继电器

继电器型号第二部分用字母表示继电器的形状特征。

W——微型

X——小型

C——超小型

继电器型号第三部分用数字表示产品序号。

继电器型号第四部分用字母表示防护特征。

F——封闭式

M——密封式

例如:JRX-13F(封闭式小功率小型继电器)。

JR——小功率继电器

X——小型

13——序号

实训任务：用 BC177、1N4007、继电器 **JQX－14FC**(5A－250V AC，5 A－30V DC)、一个 **1 kΩ**、一个 **2 kΩ** 电阻搭建放大驱动电路；随后将直流电源电路、比较判别电路、放大驱动电路级联统一调试，并写出总结报告。

天津中德应用技术大学实验实训报告

系部		班级		姓名		学号	
日期		实训地点		指导教师		成绩	
课程名称							
实验实训项目名称							
实验实训目的							
实验实训内容							
实验实训步骤							
实验实训使用的主要设备或仪器							
实验实训结果	（标明实验实训的过程数据、结果形式和测量结果数据）						
个人收获							
指导教师意见							

指导教师签字　　　　年　　月　　日

天津中德应用技术大学教务处制

（注：请各教学系部统一存档）

制作好的烟雾报警器如图 4.33 所示。

图 4.33 烟雾报警器功能电路板

烟雾报警器功能电路板上,4 个整流二极管倾斜放置是不符合装配要求的,这 4 个二极管元件应该竖向放置,这是在项目二介绍线路板如何装配时提出的要求。另外稳压块 LM7812 和继电器也要竖向放置。电路板其余的焊接和装配水平还是很高的。左边两根电源线露出的金属芯线也几乎等长。

书写到这里应该有个总结,比如我们制作了几个项目,每个项目运用了何种器件,等等。但是为了坚持项目的完整性,因为不是每位学员把所有项目都做了,说中你没有做过的项目的电路原理,对于你而言和没说一样,所以总结就免了吧。在这里倒是可以结合本项目四的内容提出一个问题,也是全书的第二个问题,作为全书的结束。

方法点:考眼力、拼原理:继电器使用时,线圈两端总是要并接一个二极管,这个二极管起什么作用(见图 4.34)?

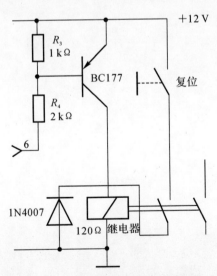

图 4.34 二极管并联在继电器两端